【新版】

写真いっぱい!

品種&飼い方

# かわいいうさぎ

監修
さいとうラビットクリニック院長
斉藤久美子

西東社

ホーランドロップ
Holland Lop

# かわいいうさぎ アルバム

いろいろな表情を見せてくれるうさぎたち。
一緒に過ごす大切な日々をしっかり写真におさめて
あなただけのアルバムを作ってみましょう。

ネザーランドドワーフ

# Netherland Dwarf

ドワーフホト

Dwarf Hotot

ネザーランドドワーフ

Netherland Dwarf

ミニレッキス

Mini Rex

ホーランドロップ

Holland Lop

ネザーランドドワーフ

# Netherland Dwarf

ドワーフホト
Dwarf Hotot

ライオンヘッド
Lionhead

ネザーランドドワーフ
Netherland Dwarf

ジャージーウーリー
Jersey Wooly

ホーランドロップ
Holland Lop

ライオンドワーフ
Lion Dwarf

ミニレッキス
Mini Rex

## プロのカメラマンからアドバイス

### 1 撮影時は部屋を明るく!

暗い室内でカメラの小さなストロボを使うと、うさぎの表情も暗くなります。大きな窓にレースカーテンがついた部屋で、明るい光の中でストロボを使わずに撮れば、瞳に窓の光が写り込み、キラキラした表情に仕上がります。壁が白ければいっそう明るくなるでしょう。ただし、日光で温度が上昇し、うさぎの具合が悪くならないよう、長時間の撮影は避けてください。

明るい部屋では瞳もキラキラ

暗い部屋だと瞳に立体感が出ない

### 2 アングルを変えてさまざまな表情を

人間が小さなうさぎを撮影しようとすると、上からのアングルばかりになってしまいます。そんなときはうさぎを台の上に乗せたり、自分がかがんだりして、うさぎと視線の高さを合わせてみましょう。正面や下から見た、いつもと違ううさぎの表情を撮ることができます。

上から撮影した場合

正面から撮影した場合

Message

# うさぎとのハッピーライフのために……

うさぎはかわいいばかりではなく、物覚えがよくて、
鳴かないのでうるさくないし、におわないし、
家族の一員として迎えるのに最適な動物のひとつだと思います。
しかし、そのうさぎと一緒に暮らすための情報、
特に健康を保つための正しい接し方、正しい食生活などの
情報がまだまだ少なく、誤った情報もいまだに横行しています。
本書は、みなさんの家族であるうさぎたちとのハッピーライフに
役だってくれることを念じて監修しました。
うさぎにとっての本当の幸せはなんだろうということを
真剣に考える飼い主さんになってください。

さいとうラビットクリニック院長
**斉藤久美子**

# Contents

Part.
1

かわいいうさぎ大集合!

# うさぎ カタログ

うさぎにはさまざまな種類があります。ここでは、
ペットショップでの人気者を中心に、カラーや大きさなど
バラエティーに富んだうさぎをご紹介!

※うさぎには協会で基準として決められた品種と、通称で呼ばれている種類があります。日本のうさぎ専門店などでは、アメリカのARBA（American Rabbit Breeders Association）公認の品種を販売しているところが多いのですが、ミニウサギなどの雑種も人気があります。
※このカタログに記載されている体重は、あくまでうさぎのおおよその大きさを示すための目安であり、この範囲に該当しない場合も問題はありません。

チャートでわかる

# 自分にぴったりのうさぎを探そう

ぼくと気が合うのはどんな人なのかな？

うさぎを飼いたいけれど、どの種類を飼えばよいのかわからない…。
そんな人は、下記のチャートを参考にして、相性ぴったりのうさぎを探してみましょう。

（チャート制作：編集部）

**START**

今、興味があるのはどっち？

グルメ↓4へ
ファッション↓1へ

**1**
好きな色はどっち？
オレンジ → 5へ
ブルー → 3へ

**2**
体育より音楽が得意だ。
YES → 3へ
NO → 6へ

**3**
うさぎのぬいぐるみを持っている。
YES → 5へ
NO → 7へ

**4**
現在、ペットを飼っている。
YES → 2へ
NO → 6へ

**5**
うさぎの品種をいくつ言える？
3つ未満 → 9へ
3つ以上 → 7へ

**6**
今まで海外に行ったことがない。
YES → 8へ
NO → 10へ

**7**
同居している家族の人数は？
2人未満 → 8へ
2人以上 → 14へ

**8**
よく読むのは？
雑誌 → 15へ
小説 → 9へ

**9**
料理と掃除、どっちが得意？
料理 → 11へ
掃除 → 13へ

**10**
嫌いなのはどっち？
優柔不断な人 → 14へ
自己中心的な人 → 12へ

**11**
好きなのはどっち？
焼き肉 → 13へ
寿司 → 15へ

**12**
苦手なのはどっち？
無口な人 → 14へ
おしゃべりな人 → 17へ

**13**
自分は面食いだと思う。
YES → 19へ
NO → 17へ

**14**
最近、仕事が忙しい。
YES → 19へ
NO → 16へ

**15**
犬より猫のほうが好きだ。
YES → 16へ
NO → 18へ

**16**

休日は
家にいることが
多い。

YES → **A**へ
NO → **18**へ

**17**

一人旅を
したことが
ある。

YES → **C**へ
NO → **B**へ

**18**

何事も結果が
すべてだ。

YES → **D**へ
NO → **B**へ

**19**

相談を
持ちかけられる
ことが多い。

YES → **D**へ
NO → **B**へ

## A 穏やかでのんびり屋の癒やし系タイプ

穏やかな性格が多い、ホーランドロップ、ジャージーウーリー、ライオンロップ、ライオンドワーフ、フレンチロップなどのうさぎと相性がよいようです。疲れて帰ってきても、その穏和な表情に心が癒やされるでしょう。

うさぎカタログ参照マーク ➡ チャート A

## B 好奇心旺盛で活発なやんちゃタイプ

いつも好奇心旺盛で元気いっぱい！ そんなやんちゃタイプのうさぎと相性がぴったりのあなた。アメリカンファジーロップ、ネザーランドドワーフ、ドワーフホトなどのうさぎが楽しいパートナーになってくれそう。

うさぎカタログ参照マーク ➡ チャート B

## C 我が道をまっしぐら！ 個性派タイプ

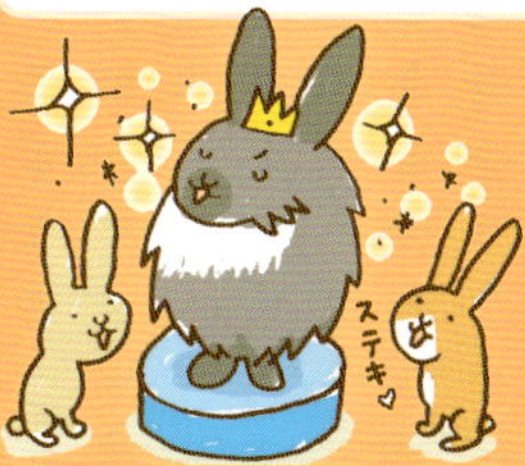


個性的なあなたは、毛皮が自慢のイングリッシュアンゴラや、うさぎ界No.1の巨漢フレミッシュジャイアント、1匹1匹違った外見や性格を持つミニウサギやライオンヘッドなどに惹かれるでしょう。

うさぎカタログ参照マーク ➡ チャート C

## D 記憶力、理解力バツグンの頭脳派タイプ

レッキスやミニレッキス、イングリッシュロップなどの物覚えのよいうさぎと相性がよいようです。ただし、よいことも悪いことも覚えるのが早いので、優秀うさぎになるのも、ワガママうさぎになるのもあなた次第。

うさぎカタログ参照マーク ➡ チャート D

小柄な体と耳が
とってもチャーミング

Netherland Dwarf

# ネザーランドドワーフ

COLOR フォーン

クリームがかった薄いオレンジ色を
「フォーン」という

| チャート | サイズ | 毛質 |
| --- | --- | --- |
| B | 小 | 短 |
| 飼いやすさ | グルーミング | 価格目安 |
| 易 | 少 | 3~7万円 |

原産国……オランダ

体重の目安……約0.8~1.3kg

カラー……オレンジ、ブラック、ライラックなど多種

飼いやすさ……しつけやすく場所もとらない

グルーミング……小柄なのでお手入れが楽

## 特徴 ペットうさぎの中では最も小柄！

ペットうさぎとしては最小のサイズで、カラーバリエーションも豊富な、現在日本で最も人気の高い品種です。ボディーはコンパクトで頭は大きく、広いおでこと丸い大きな目が印象的。短い耳は頭頂部でピンと立っています。また、毛の流れに逆らってなでるとゆっくりもとの状態に戻る「ロールバック」という毛並みを持っているのも特徴です。

COLOR

### ライラックオター

花の色に由来するカラー「ライラック」は、紫がかったグレー。また「オター」とは、頭や体などの色と、おなかの色が対象的なカラーのこと

## ピーターラビットのモデルって本当？

絵本「ピーターラビット」のモデルはネザーランドドワーフだとよくいわれます。ピンと立った短い耳は確かにピーターそっくりです。ところが絵本が描かれた20世紀初頭、ネザーランドドワーフという品種はまだ誕生していませんでした。ただし作者のポターがうさぎを飼っていたのは事実。小型のうさぎはいつの時代でも人気者なのかもしれません。

COLOR

### オレンジ

あざやかなオレンジ色から少し薄めの色まである。最も人気のカラー

COLOR

### ブラックオター

「オター」タイプには、「ソリッド」（単色）とはまた違った魅力がある

## 性格 元気いっぱいの活動家

好奇心旺盛で、やんちゃな活動家です。ちょっと怖がりな面もあり、飼い主の態度にはとても敏感。個体によって、飼い主にとてもなついてくれるタイプと、気ままな性格のタイプに分かれるようです。

## ポイント 一人暮らしにもおすすめ

飼育スペースが広くなくてもよいこと、トイレのしつけやグルーミングが楽なことなどから、都会の一人暮らしでも飼いやすいでしょう。ただし、臼歯の病気になりやすい性質があるので、食事内容に注意。

くっきりした
アイラインが魅力的

Dwarf Hotot

# ドワーフホト

| チャート | サイズ | 毛質 |
| --- | --- | --- |
| B | 小 | 短 |
| **飼いやすさ** | **グルーミング** | **価格目安** |
| 易 | 少 | 3~7万円 |

原産国……ドイツ
体重の目安……約1.1~1.4kg
カラー……ホワイトのみ
飼いやすさ……人なつっこく、飼いやすい
グルーミング……短毛なので毛のお手入れは楽

## ドワーフホトはドイツ統一の証?

ドイツがベルリンの壁によって東西に分かれていたとき、それぞれが全く違う品種を交配して、同じようなうさぎを生み出していました。東西ドイツが統一されたあと、両国で生まれたこれらのうさぎが交配され、ドワーフホトが誕生したのです。

COLOR ホワイト

ドワーフホトのカラーはホワイトのみ。目のまわりの毛はブラックとチョコレートがある

### 特徴 アイラインが特徴

全身真っ白な中、目のまわりだけに黒か茶色の縁取りがあります。体は小さく、丸みがあり、耳や足が短いのも特徴です。

### 性格 好奇心旺盛

ネザーランドドワーフと似て、好奇心が旺盛で活動的な性格です。気が強いところもありますが、人なつっこい個体が多いようです。

### ポイント トラブルは少なめ

子うさぎの時期を過ぎれば、病気や飼育面でのトラブルは少なく、また小さいので少ない飼育スペースですむ、飼いやすい品種です。

たてがみがかわいさ満点の
小さなうさぎ

Lion Dwarf

# ライオンドワーフ

## ペットショップオリジナルのライオンドワーフ

小柄でたてがみのかわいさも魅力のライオンドワーフの中には、ペットショップが独自に繁殖させた、お店オリジナルのうさぎもいます。世界的に有名なのは、ドイツのテウト社の「テウトライオン」。また、日本でも、うさぎ専門店「バニーファミリー」で「バニファライオン」といううさぎが販売されています。

COLOR

### ブロークンオレンジ

「ブロークン」とはぶちのあるタイプのこと。同じブロークンでも目のまわりと耳、鼻、背中に少しだけ色が入るパターンを「チャーリー」という

COLOR

### ブラック

長毛種のブラックはやわらかい雰囲気

| チャート | サイズ | 毛質 |
|---|---|---|
| A | 小 | 短 |
| **飼いやすさ** | **グルーミング** | **価格目安** |
| 易 | 少 | 1~3万円 |

原産国 …… ヨーロッパ(諸説あり)
体重の目安 …… 約1.5~2kg
カラー …… ホワイト、ブラック、オレンジ、トートなど
飼いやすさ …… 少ないスペースで飼える
グルーミング …… 首まわりの長毛をていねいに

### 特徴　たてがみが特徴

首のまわりにライオンのたてがみのような長い毛を持ち、手足や耳が短い小型種。(ARBA公認品種ではありません)。

### 性格　慣れるとやんちゃ

おとなしいですが、少し気まなところもあります。慣れてくればアクティブになる個体もいますが、比較的怖がりが多いかも。

### ポイント　長い毛のケアを

小型なので少ないスペースで飼うことができます。首まわりの毛が長いので、絡まないよう気をつけてブラッシングをしてあげましょう。

物静かで愛くるしい
のんびり屋さん

Holland Lop

# ホーランドロップ

COLOR

**オレンジ**

同じオレンジでも、個体によって濃さに差がある。また換毛期には茶色っぽい毛が多くなり、印象が違って見えることも

| チャート | サイズ | 毛質 |
| --- | --- | --- |
| A | 小 | 短 |
| **飼いやすさ** | **グルーミング** | **価格目安** |
| 易 | 少 | 3~7万円 |

原産国……… オランダ

体重の目安……… 約1.3~1.8kg

カラー……… オレンジ、チョコレート、チンチラ、ブルーなど

飼いやすさ……… おとなしく飼いやすさ抜群

グルーミング……… 耳のお手入れも十分に

## 特徴 垂れ耳うさぎの中でいちばん小さな人気者

ロップイヤータイプのうさぎは、その名のとおり「だらりと垂れた(=Lop)」耳が最大の特徴。ホーランドロップは、その中でも最も小型です。しかし、小さいわりには骨太で、意外と筋肉質。頭は大きく、前から見ると丸く、横から見ると平らです。頭頂部に「クラウン」と呼ばれる、長めの毛が生えています。全体的にぽってりとした見た目で、多くの人に愛されている人気のうさぎです。

COLOR

**ブロークンオレンジ**

模様はほとんど顔と背中にあり、
胸やおなかは白い

## 頭に冠をかぶった ホーランドロップ

ホーランドロップの頭には、耳の付け根から頭頂部にかけて少し長めの飾り毛「クラウン」が生えています。ラビットショーではこの形も大事な審査項目です。クラウンの幅があって大きいほど評価が高くなります。

COLOR **ブルー**

濃い単色のホーランドロップはまるで犬のよう!?

### 性格 優しいおっとりタイプ

全体的に愛想がよく、おとなしいうさぎです。抱っこも大好きな個体が多いので、ペットとしては理想的なキャラクターを持っているといえるでしょう。子どもにもとても親しみやすいうさぎです。

### ポイント 耳のケアはこまめに

ロップイヤータイプのうさぎは、耳が不潔にならないよう注意が必要です。短毛タイプなので、換毛期でもブラッシングは楽ですが、トイレのしつけには少し時間がかかることもあります。

フワフワの毛皮を持つ、
垂れ耳の愛嬌者

American Fuzzy Lop

# アメリカン
# ファジーロップ

| チャート | サイズ | 毛質 |
|---|---|---|
| B | 小 | 長 |
| **飼いやすさ** | **グルーミング** | **価格目安** |
| 難 | 多 | 3~7万円 |

原産国……… アメリカ
体重の目安……… 約1.4~1.7kg
カラー……… オレンジ、ブラック、トート、ライラック、チンチラなど
飼いやすさ……… 初心者には管理が難しい
グルーミング……… 頻繁なブラッシングが必要

COLOR | **オレンジ**

やわらかい毛質を美しく見せる淡いオレンジ。
換毛期には顔や耳の先が黒っぽくなることも

## 特徴　比較的新しく生まれた、垂れた耳を持つ長毛種

ホーランドロップが生み出される過程で、長毛種のフレンチアンゴラを交配した結果生まれた「ファジーホーランド」から誕生したうさぎです。名前に「ファジー」とついているのは、毛質がやわらかいため。また耳の毛は長毛ではありません。コンパクトでふっくらした体、垂れ耳の愛らしさ、しなやかな毛が人気のポイント。ARBAで1985年に新たな品種として認められ、日本でも一躍人気が高まりました。

COLOR

### ブロークンセーブルポイント

耳や鼻、目のまわりなどが暗褐色になっているカラー

### 垂れ耳うさぎの耳は いつも垂れたまま？

おさげのようにまっすぐに下がった垂れ耳。一説には、垂れ耳うさぎがおとなしいのは、耳がふさがっていて物音があまり聞こえないから、ともいわれています。でも、気になる音がすると耳が持ち上がったり、顔の前のほうに動いたりします。また、子うさぎのとき耳は立っていて、成長する過程で垂れてきます。

COLOR

### トータスシェル

亀の甲羅の色という意味。鼻のまわりや耳は黒っぽくなっている

COLOR

### オレンジ

同じオレンジでも子うさぎの色は淡い印象

### 性格 愛嬌があって人なつっこい

好奇心旺盛で、人をあまり怖がらない性格の個体が多いようです。いつも一緒にいてあげたい人に向いているといえるでしょう。ただ、甘えん坊が多い一方で、自己主張が強い個体も少なくありません。

### ポイント ブラッシングに手がかかる

非常に手がかかり、ブラッシングを十分にしないと、病気になってしまうこともあるのでしつけは重要。特に子うさぎから大人になる時期は注意しましょう。トイレのしつけにも時間がかかるようです。

愛嬌たっぷり!
垂れ耳ライオン

Lion Lop

# ライオンロップ

| チャート | サイズ | 毛質 |
|---|---|---|
| A | 小 | 短 |
| **飼いやすさ** | **グルーミング** | **価格目安** |
| 易 | 多 | 2~4万円 |

原産国……ヨーロッパ(諸説あり)
体重の目安……約1.5~4kg
カラー……オレンジ、ブルートート、ブラックなど
飼いやすさ……穏和な性格で飼いやすい
グルーミング……たてがみと耳のケアが必要

COLOR | オレンジ

短毛でもやや長めのため、
単色でもやわらかい雰囲気

## 特徴 垂れた耳と「たてがみ」が人気

ライオン種とロップイヤー種のかけ合わせで誕生しました。垂れた耳と、首のまわりのライオンのようなたてがみという、ふたつのチャームポイントを持ち合わせています。赤ちゃんのときは耳が立っていますが、成長するにつれて垂れてきます。体は全体に丸みがあり、足は短くぽってり型。子犬のような見た目で人気の高いうさぎです。(ARBA公認品種ではありません)。

COLOR
### ブロークンブラック
フワフワの白い体に、耳の黒さがよく映えるカラー

## ARBA公認品種はどうやって決まる?
ARBA公認品種となるためには、年に1度のナショナルコンベンションで新品種認定審査に3度パスする必要があります。つまり最低でも最初の審査から3年が必要となるうえ、認定が却下されるとやり直しになる場合もある難しい規準なのです。日本ではARBA公認品種を取り扱っているペットショップがほとんどですが、一方でヨーロッパから来たライオンドワーフやライオンロップなど、公認品種でないうさぎも人気があります。

COLOR
### ブルートート
薄オレンジにグレーがかった濃い青が混じっているタイプ

性格
## おとなしく人なつっこい
穏和で人なつっこく、人見知りもあまりしないタイプです。おとなしいけれど、自分からは甘えない個体もいます。活動的な個体もいますが、一般的に穏やかで飼いやすいといわれています。

ポイント
## ぐんぐん大きくなることも
耳の中が蒸れやすいので、耳の掃除をまめにしてあげましょう。首のまわりの毛が長めなのでブラッシングも大事。また、成長すると大きくなる個体も多いので、お店の人にあらかじめ聞いておきましょう。

やわらかく長い毛を
持つ、おりこうさん

Jersey Wooly

# ジャージー ウーリー

| チャート | サイズ | 毛質 |
|---|---|---|
| A | 小 | 長 |

| 飼いやすさ | グルーミング | 価格目安 |
|---|---|---|
| 易 | 多 | 3~7万円 |

原産国……アメリカ
体重の目安……約1.3~1.5kg
カラー……オパール、ブルー、チェスナット、ブラックなど
飼いやすさ……おとなしくて飼いやすい
グルーミング……もつれない毛質で意外と楽

COLOR オパール

宝石のオパールに由来。青みがかった光沢のあるグレーの毛を持つ

## 特徴 ニュージャージー州生まれの長毛種

小さな体に4～7.5cmもあるフワフワした長い毛が特徴です。ネザーランドドワーフとフレンチアンゴラを交配させるうちに自然に生まれた長毛種とされています。80年代に誕生し、1988年にARBAで認定された、比較的新しい品種です。長い毛の内側は、腰からお尻にかけて特に肉づきのよい丸みのある体つき。クリクリとした丸い目も印象的です。頭に「ウールキャップ」という長い毛が生えています。

### サイアミーズは シャム猫の色

サイアミーズとはタイの別名「シャム」に由来しており、「タイ生まれ」を意味します。サイアミーズの色はシャム猫のように鼻、耳、足の先が濃いのが特徴です。

COLOR
**サイアミーズスモークパール**

全体に淡いグレーの毛色で、顔と耳、足先のみが黒っぽくなっている

COLOR **オレンジ（ARBA未公認色）**

シックなカラーが多いジャージーウーリーでは珍しいカラーのため人気がある

性格
## 外見そのままの優雅な性格

全体的にとてもおとなしい性格の個体が多く、その穏やかさは「貴婦人のよう」といわれています。抱っこしてもあまり嫌がらないので、スキンシップしたい人に向いているといえるでしょう。

ポイント
## トイレのあとは清潔に

長毛なので念入りなお手入れが必要ですが、絡みにくい毛質なのでブラッシングは意外と楽です。トイレのしつけもしやすいですが、おしっこやフンがお尻の毛についてしまわないよう注意しましょう。

ベルベットのような
手触りが魅力!

Mini Rex

# ミニレッキス

| チャート | サイズ | 毛質 |
|---|---|---|
| D | 小 | 短 |
| **飼いやすさ** | **グルーミング** | **価格目安** |
| 易 | 少 | 2~5万円 |

原産国……アメリカ
体重の目安……約1.4~2kg
カラー……ブラック、ブルー、キャスター、リンクスなど
飼いやすさ……神経質でなく飼いやすい
グルーミング……超短毛種でブラッシングが楽

COLOR ブラック

ミステリアスな雰囲気が魅力のブラック。瞳もいっそう輝いて見える

## 特徴 小柄な体に手触りのよい毛並みが魅力

スタンダードなレッキス(→P36)に小型のドワーフ種を交配させて誕生したミニレッキス。スタンダードレッキスと同様、ベルベットのような手触りの毛が特徴で人気の品種です。体は小さいですが、筋肉質で足の力が強く、厚手の耳を持っています。ほかの品種と違い、ひげが縮れているのも特徴。毛並みを美しくするための改良の過程で、ひげも変化したといわれています。

## さまざまな種類がある「ブローク ン」

「ブロークン」とは、ぶち模様のこと。白地とさまざまな色の組み合わせがあり、ブロークンブラック、ブロークンレッドなどと呼ばれます。ブロークングループの中には、白地に2色のぶちがある「トライカラー」というタイプも存在します。いずれも、ぶちの大きさや形はさまざま。世界に一匹だけの模様というのが魅力です。

COLOR

**ブロークンブラック**

模様の入り具合はさまざま。かなり大きな模様が入ったタイプはまるで牛のよう!?

COLOR

**オパール**

薄いブルーとフォーンの混じった独特の色合い

### 性格 やんちゃだけど甘えん坊

人なつっこく、物怖じしない性格。また頭もよく、人間の行動をよく観察している甘え上手。抱っこされることもあまり嫌がりません。神経質なタイプは少ないようですが、怖がりの個体もいるようです。

### ポイント 足裏への負担に注意

換毛期以外は毛がほとんど抜け替わらず、毛のお手入れはとても楽。トイレのしつけも比較的簡単です。ただし、足裏の毛も短いため、ほかの品種に比べて足に負担がかかります。床材の選び方に注意しましょう。

カラーも性格も
バラエティー豊か

Mixed

# ミニウサギ

COLOR

**ダッチ（ブラック）**

ミニウサギに多い「ダッチ」とは、ツートーンになったカラーパターンのこと

| チャート | サイズ | 毛質 |
| --- | --- | --- |
| C | 小 | 短 |
| 飼いやすさ | グルーミング | 価格目安 |
| 易 | 少 | 0.3~1万円 |

原産国……——

体重の目安……約1.5～3kg

カラー……ダッチパターンが多いが単色もさまざま

飼いやすさ……個体による

グルーミング……短毛が多く毛のお手入れは楽

## 特徴 見た目は、最もうさぎらしい！

最もよく見かけるおなじみのうさぎです。「ミニウサギ」という品種はなく、主に、いわゆるジャパニーズホワイト種とダッチ種の血を引く雑種のうさぎの通称です。そのため、サイズやカラー、性格もバラエティーに富んでいます。小型の個体もいれば、かなり大きくなる個体もいて、徐々に特徴が出てきます。どんな子に育つのか予想がつかないぶん、成長していくのが楽しみなうさぎともいえます。

COLOR

**ダッチ（オレンジ）**

ツートーンのダッチもカラーバリエーションはさまざま。明るいオレンジもかわいい

## ミニウサギなのに「ミニ」じゃない!?

ミニウサギというのは通称。小学校などで全国的に飼われていた、ジャパニーズホワイト種とダッチ種の血を引くものが多いようです。名前の「ミニ」は、中型種であるジャパニーズホワイトに比べて小さいことからつけられたもので、決して「小型種」を意味するわけではありません。さまざまなうさぎの血が入っているため大きさはまちまちで、中型程度になる個体もいるようです。

COLOR

**チンチラ**

上品な雰囲気のチンチラは、青みを帯びたグレーを指す

COLOR

**ブロークンセーブル**

黒や暗褐色のぶちが入ったもので、「セーブル」とはイタチ科の黒テンのこと

### 性格 個体によって異なる

個体によって性格はさまざまで、飼っていくうちに「本性」を見せ始めます。それぞれの性格をよく見極め、その子に合った接し方をしていくことが大事です。

### ポイント 購入時によく確認！

大きくなる個体もいるので、ミニサイズのうさぎとして飼いたい人は、どのくらい大きくなるかを購入時に確認して。先天的欠陥を持つ個体もまれに見られるので、管理の行き届いたペットショップで購入しましょう。

ライオンそっくりの
人なつっこいうさぎ

Lionhead

# ライオンヘッド

## ライオン種の「メイン」って何？

「メイン」とは、たてがみ（mane）の意味で、ライオンヘッドの顔のまわりを覆う長毛の部分を指します。3つのパターンがあり、顔まわりだけにたてがみのある「シングルメイン」、顔のまわりだけでなく腰のまわりに長毛がある「ダブルメイン」、ライオン種の遺伝子を持つものの、長毛が見られない「ノーメイン」があります。

COLOR トータス

茶褐色のカラーを基本色に顔や耳、しっぽ、足や体側が黒くなっている

COLOR ブラック

黒をベースに、長毛の部分は色が薄くなっている

| チャート | サイズ | 毛質 |
| --- | --- | --- |
| C | 小 | 長 |
| **飼いやすさ** | **グルーミング** | **価格目安** |
| 易 | 多 | 3~7万円 |

原産国……ベルギー
体重の目安……約1.5~1.7kg
カラー……トータス、ルビーアイドホワイト、ブラックなど
飼いやすさ……個体によるが、人なつっこい
グルーミング……首まわりの長毛をていねいに

### 特徴 ARBA公認種に

ドワーフアンゴラの血を引き、ライオンのように体と顔は短毛で、顔まわりだけ長毛。2014年に晴れてARBA公認種となりました。

### 性格 性格はさまざま

新しい品種のため、おっとりしたタイプからやんちゃまで性格はさまざま。人になつきやすい個体が多いといわれています。

### ポイント 似た名前に注意

日本では「ライオンラビット」など、名前に「ライオン」がついた別のうさぎが多く売られているため、違いに注意しましょう。

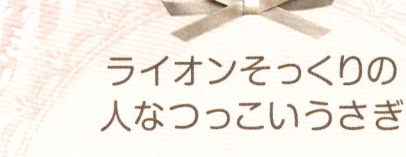

| チャート | サイズ | 毛質 | 飼いやすさ | グルーミング | 価格目安 |
| --- | --- | --- | --- | --- | --- |
| C | 中 | 長 | 難 | 多 | 5~10万円 |

原産国……イギリス
体重の目安……約2.5～3kg
カラー……リンクス、オパール、ブラック、スモークパールなど
飼いやすさ……おとなしいが暑さに弱い
グルーミング……頻繁なブラッシングが必要

ゴージャスな毛皮をまとった、おっとりタイプ

English Angora

# イングリッシュアンゴラ

## フワフワの毛が特徴のアンゴラ種

毛を利用するために品種改良されたアンゴラ種。イングリッシュアンゴラはその中でもペット用に改良された品種で、アンゴラ種の中で最も小型です。ARBA公認のアンゴラは、イングリッシュアンゴラのほかにフレンチアンゴラ、サテンアンゴラ、ジャイアントアンゴラの4品種がいます。

COLOR

**ホワイト**

気品あるホワイトはゴージャスな雰囲気

COLOR

**リンクス**

フォーンやブルー、オフホワイトの混じった複雑な色合いで、人気が高い

### 特徴　やわらかく長い毛

毛を利用するために品種改良されたうさぎです。光沢のある長くてフワフワの毛に全身を覆われていて、耳の先にも房毛があります。

### 性格　おとなしい

とてもおとなしく、あまり動き回りません。人に慣れても、甘え上手ではないようです。静かにしているので抱っこのしつけは楽。

### ポイント　温度管理に注意

毎日のブラッシングはていねいに。絶えず毛が抜けるので、お手入れにはかなりの時間がかかります。暑さに弱いので温度管理には特に注意して。

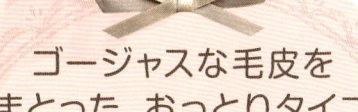

抱っこが大好きな
優等生

Rex

# レッキス

| チャート | サイズ | 毛質 |
|---|---|---|
| D | 中 | 短 |
| 飼いやすさ | グルーミング | 価格目安 |
| 易 | 少 | 4~5万円 |

原産国……フランス

体重の目安……
約3~5kg

カラー……
ブラック、ブルー、
キャスター、オパールなど

飼いやすさ……
広いスペースが必要

グルーミング……換毛期でも
毛のお手入れは楽

## ベルベットのような手触りの秘密は?

うさぎの体毛は、長めのガードヘアと、細く短いアンダーコートの2種類からなっています。カラーや手触りはガードヘアが決め手ですが、レッキス、ミニレッキスはこの2種類の毛の長さが同じで、密度の濃い、ベルベットのような手触りになっています。

COLOR ブルー

青みがかったやわらかい色は人気も高い

### 特徴 手触り抜群!

光沢のあるベルベットのような毛並みと、おとなしい性格で人気が高い品種。体は筋肉質で、足腰も丈夫です。

### 性格 賢くおとなしい

人なつっこく、抱っこも好みます。ミニレッキスに比べて、性格は穏やか。理解力も高く、かまってほしいときのアピールも上手です。

### ポイント 広めのスペースを

足裏の毛に厚みがなく痛めやすいので、床材に注意。換毛はほかの品種より少なくお手入れは楽ですが、活発なので広いスペースが必要。

大きな体に優しい性格で、
すぐ仲良しに

Flemish Giant

# フレミッシュジャイアント

## 動物園の人気者からペットうさぎに

大きくなると10kgを超すことも珍しくないフレミッシュジャイアント。かつては「世界最大のうさぎ」として動物園で人気を博していましたが、温厚な性格から家庭でも愛されるようになり、ペットうさぎとしての人気もあります。

COLOR

**フォーン**

「フォーン」とは子鹿のことで、薄い黄みがかった茶色

| チャート | サイズ | 毛質 |
|---|---|---|
| C | 大 | 短 |
| 飼いやすさ | グルーミング | 価格目安 |
| 難 | 多 | 7~8万円 |

原産国……ベルギー

体重の目安……
約6.4~10kg

カラー……
ブラック、ライトグレー、サンディー、フォーンなど

飼いやすさ……
広い飼育スペースが必要

グルーミング……
大型なので時間がかかる

### 特徴 最も大型

ペットうさぎの中では、最も大型。もともと食肉用に繁殖されていた品種で、肉づきがよく、足や耳もしっかりしています。

### 性格 いたって温厚

大型種共通の特徴として穏やかでおとなしく、大きなぬいぐるみといった雰囲気です。人にも慣れやすく、かわいげが感じられます。

### ポイント 足裏の負担に注意

大型種は広いスペースが必要です。体重もあるので、足裏に負担がかかりすぎないよう注意。グルーミングも時間がかかります。

| チャート | サイズ | 毛質 | 飼いやすさ | グルーミング | 価格目安 |
| --- | --- | --- | --- | --- | --- |
| D | 大 | 短 | 難 | 多 | 4~6.5万円 |

ダンボのような
大きな耳が愛らしい!

English Lop

# イングリッシュロップ

原産国……イギリス
体重の目安……約4~5kg
カラー……オレンジ、ブラック、オパール、フォーンなど
飼いやすさ……生活環境に気配りが必要
グルーミング……耳を傷つけないよう爪切りを

## 垂れ耳うさぎのルーツ

イングリッシュロップは最も古い品種のひとつで、垂れ耳うさぎのルーツだといわれています。イングリッシュロップに改良が加えられて生まれたのが、フレンチロップ(→P39)。これが小型化され、ホーランドロップやアメリカンファジーロップなど、ペットとして人気の高い小型の垂れ耳うさぎたちが誕生しました。

COLOR
**ブロークンオレンジ**
白地にオレンジのぶちは、耳の内側のピンクとも絶妙なカラーバランス

### 特徴 垂れた幅広い耳

大きく垂れた長くて幅広い耳と、太い首、厚い胸が特徴のうさぎです。毛並みはシルキーで滑らか。最も古い品種のひとつです。

### 性格 賢く穏やか

非常によく慣れ、おとなしい性質である一方、好奇心旺盛でアクティブな面もあります。物覚えもよいのでしつけもしやすいでしょう。

### ポイント やわらかい床材を

大きな耳を傷つけないよう爪やすりが必要。体温調節も苦手なので、室温管理も重要です。足裏保護のために床材もやわらかいものを。

### 大型うさぎは太りやすい？

フレンチロップは温厚でペット向きの性格ですが、大型種のため難度が高いのも事実です。そのひとつに太りやすいという特徴があります。これは、大型うさぎがもともと食用として改良されたうさぎをルーツとしているため。飼うときは、食生活の管理をしっかりとしてあげましょう。

垂れ耳の中では
最も大きいおっとりさん

French Lop

# フレンチロップ

COLOR | **オパール**

淡い色合いはおっとりした
性格にぴったり

| チャート | サイズ | 毛質 |
|---|---|---|
| A | 大 | 短 |
| **飼いやすさ** | **グルーミング** | **価格目安** |
| 難 | 多 | 5~10万円 |

原産国……… **フランス**

体重の目安……… **約5kg以上**

カラー……… **チェスナット、オレンジ、ブロークンなど**

飼いやすさ………
**広いスペースが必要**

グルーミング………
**体が大きいので時間がかかる**

### 特徴　垂れ耳の中で最大

イングリッシュロップとバタフライラビットを交配して誕生しました。大きさはロップ種でも最大で、がっちりした骨格と丸顔が特徴です。

### 性格　社会性は抜群

社会性があり、おっとりとした性格です。脚力が強いため、蹴られないように小さいころから抱っこに慣れさせる必要があります。

### ポイント　目を頻繁にチェック

まぶたの異常やさかさまつげなど、目の病気にかかりやすいのが特徴です。目に異変がないかこまめにチェックしてあげましょう。

# 幸せウサ漫画 1

## はじめてのうさぎ編

①うもん、寡黙なうさぎ？
ロップイヤーの女の子のうさぎが家族になった。
フニャー
よろしくネ♡
さて、名前は何にしようかな〜？
??
ゴロゴロ…
ZZ…
無口なうさぎ。
「右門捕物帖」の無口なお侍にちなんで、
あっ!!
うもんに
決定!!
飼い主は、時代劇ファン♡
ところが……
数ヶ月後には……
ケージをガタガタ!
じゃまっ!!
食器をひっくり返す。
ガランッ!!
実は、おちつきのないさわがしいうさぎだった。
名前負け？


ケージをガタガタさせると出してくれた、食器を放り投げたら食べ物をくれた、というようなことをうさぎはすぐに覚えます。悪いクセをつけないよう要注意。

②うもん、アメリカへ
主人の転勤でサンフランシスコへ行く事になりました。
ボク。
一緒に連れて行く事にしました!!
空港にて
うもんは係員と共に、動物貨物室へ。
ANIMAL
あとでねー!!
うもーん!!
ブルブル
モン
凍えてないだろうか…
おびえてないだろうか…
モン
10時間後、ようやくサンフランシスコに到着!!
無事再会!!
ヨカッタ−!!


長旅はストレス性の病気などを起こすことがあるので気をつけましょう。普段から乗り物に慣れさせておくことも必要です。

## ③うもんは食いしん坊

新しい環境にも、早速なれたうもん。
モグモグ
ムシャムシャ
食欲も旺盛だ…。
干し草は食べ放題にしてあります。
ほら!
ワーイ♡
でも、いつのまにかカラッポに…
カラッポ
食べ散らかす、うもん。
プッ!
おなか減ったよ!!
落ちた干し草は決して食べない!
そして、うもんは私に手紙を出す。
ママへ♡
うもんより
新しい干し草を入れてください。
うんち1コ…


干し草を行儀よく食べるのは、うさぎには無理。干し草入れはなるべく大きいものを用意してあげましょう。

## ④うもん、アメリカで性転換?

健康診断を受けに行く。
うさぎに詳しい先生のいる病院へGO!!
animal
先生は丹念に検査してくれた。
目
耳
口
お腹
お尻
え……?
男の子ですね!
ほら!
あっ!
毛でかくれてて、今まで気づかなかった…。
息子にカミングアウトされた親の気持ち。


うさぎの性別を勘違いしている飼い主さんは案外多いもの。あなたのうさぎも再確認してみましょう。

## うさ COLUMN 01

### ペットうさぎの祖先

# アナウサギに見る野生のなごり

現在ペットとして飼われているうさぎは、もともと野生のアナウサギが改良されたもの。主に夜間に活動し、昼間は休むといった1日の生活パターンや、穴を掘ったり木をかじったりする習性は、野生のなごりなのです。アナウサギ独特の習性を理解しておくことは、うさぎと暮らすうえでも役に立つでしょう。

アナウサギは、草原などの地下に巣穴を作り、繁殖のための群れで生活しています。巣穴の中は、寝室やトイレなどがトンネルでつながって迷路のようになっています。

敵から身を守るため、アナウサギはとても慎重に行動します。夕方や明け方、近くのエサ場へ草や木の葉などを食べに出ますが、日中はほとんど寝室で眠っています。地上で危険に気づいたときは、スタンピング（後ろ足で地面を強くたたく行為）をして仲間に知らせます。また、子育ての際も、産室へは1日に1〜2回授乳のために通うだけ。それ以外は土などで出入り口を塞ぎ、敵から子どもを守るのです。

**巣穴の中の生活**

Part.
2

出会いの前に

# うさぎの選び方
# &準備

これから長く付き合っていくためにも、
最初の準備が肝心。自分に合ったうさぎを選び、
うさぎが暮らしやすい環境を整えてあげましょう。

STEP 1

# うさぎについて知っておこう

## うさぎはかわいくって飼いやすい！

近年、家族の一員としてうさぎを飼う人が増えています。フワフワの毛に覆われた愛くるしい表情のうさぎは、ペットセラピーにも利用される、心を癒やしてくれる存在です。毛づくろいなどの姿を見ているだけでも和みます。また、とても頭のいい動物なので、飼い主との間に信頼関係が築ければ、すり寄って甘えたりすねたりと、かわいい一面を見せてくれます。

人気のもうひとつの理由は、比較的世話がしやすいという点があげられます。うさぎはほとんど鳴きませんし、においもなく、飼育スペースもそれほどとりません。毎日散歩に連れていく必要もなく、トイレも覚えます。さらに、うさぎは夜行性の生活リズムを持っているので、昼間働いている人でも、帰宅してから世話をしたり遊んだりすることが可能です。一人暮らしの人でも飼いやすく、まさに、現代のライフスタイルに合ったペットといえます。

# うさぎの特徴は？

## 愛くるしい容姿に加え、表情も豊か

大きな耳につぶらな瞳、フワフワの毛を持つうさぎは、その容姿のかわいらしさで昔から愛されてきました。喜怒哀楽も豊かで、愛情いっぱいに育てれば、甘えたりすねたりとさまざまな表情を見せてくれます。華奢でか弱く見えるので、余計にいじらしく感じる飼い主さんも多いようです。ただし、甘やかしすぎは禁物。ワガママなうさぎになってしまう可能性があります。

## 名前を呼べばとんでくる 記憶力・学習能力はかなりのもの

うさぎは記憶力がよく、学習能力も優れています。しつければ名前を呼ぶととんできたり、トイレを覚えたりと賢さを見せますが、悪いことを覚えるのも早いので、正しくしつけることが大切です。

## 鳴き声の心配がなく、夜行性。 だから、一緒に遊ぶのも夜に!

うさぎはほとんど鳴き声を立てないので、集合住宅でも安心して飼えるでしょう。また、夕方起きて夜に活発に活動するため、昼間は忙しい人も、夜にうさぎとの時間を過ごすことができます。

## 毎日の散歩はしなくてOK。 トイレで排泄し、フンは臭くない!

犬のように毎日散歩させる必要はなく、トイレも決まった場所で排泄する習性があるのでしつけは簡単。また、排泄物はあまり臭くありません。

# うさぎの体のしくみと働き

　うさぎのチャームポイントは、なんといっても長い耳。また、力強い後ろ足でピョンピョンと跳ねる姿も印象的です。姿がとてもユニークでかわいらしいうさぎですが、その体の各部位はそれぞれ重要な役割を持っています。危険をいち早くキャッチする耳や目、草を上手に食べるための口など、うさぎの体には自然界で生きていくための機能が満載。ここではそれらのしくみと働きを見てみましょう。

nose
**鼻**

### ピクピク動かし
### においをキャッチ

よく動く鼻は非常に敏感で、いろいろなにおいをかぎ分ける。嗅覚は人間よりずっと鋭い。

teeth
**歯**

### 1年に10～12cmも
### 伸びる切歯

上あごには2本の大切歯があり、その裏に2本の小さな歯が隠れて生えている。奥にある臼歯は草をすりつぶして食べるのに役立つ。

dewlap
**肉だれ**

### あご下の肉の
### たるみは熟女の印!?

年齢を経たメスにはあごの下に大きなひだがあり、2～3歳から目立ち始める。ただし、避妊したメスには見られない。

mouth
**口**

### お上品な
### おちょぼ口

鼻の下から縦に割れた上唇は、草などを上手に取り込むのを手助けしている。

## \ CHECK! / うさぎの寿命と実年齢

うさぎは生後4か月間でぐんぐん成長し、ほぼ大人の大きさになります（個体差あり）。うさぎの飼い方がよくなるにつれて、寿命も延びる傾向にあります。

うさぎと人間の実年齢換算表

| うさぎ | 1か月 | 2か月 | 3か月 | 6か月 | 1年 | 2年 | 3年 | 4年 | 5年 |
|---|---|---|---|---|---|---|---|---|---|
| 人間 | 2歳 | 5歳 | 7歳 | 13歳 | 20歳 | 28歳 | 34歳 | 40歳 | 46歳 |
| うさぎ | 6年 | 7年 | 8年 | 9年 | 10年 | 11年 | 12年 | 13年 | 14年 |
| 人間 | 52歳 | 58歳 | 64歳 | 70歳 | 76歳 | 82歳 | 88歳 | 94歳 | 100歳 |

### tail しっぽ　よく動く小さなしっぽ

目立たないが、行動や気分に合わせてよく動く。危険を感じると、ピンと立てる。

### ears 耳　左右別に動いて小さな音も逃さない

耳には太い血管がたくさん通っており、皮膚の表面から熱を発散して体温を下げる。集音効果も高く、小さな音も聞き分けられる。

### eyes 目　背後までしっかり見える

水平視界は左右合わせてほぼ330度。また、夜行性なので薄暗いところでもよく見える。

### mustache ヒゲ　レーダーとして重要な意味を持つ

周囲の様子や空気の動きを探る役目をしている。

### legs 後ろ足　発達した筋肉で高くジャンプ

筋肉が発達していて走るのも速い。足裏にはクッションの役目を果たすフカフカの毛が生えている。爪は4本。

### legs 前足　短い前足は穴掘りに便利

とがった爪を持ち、穴を掘ったり、引っかいたり、毛づくろいをしたりする。爪は5本。

STEP 2

# うさぎを飼う前に

## 飼う側のライフスタイルをチェック!

かわいくて飼いやすいうさぎは現代にマッチしたペット。でも、楽しい共同生活を送るためには、十分な準備や心構えが必要です。うさぎの幸せは飼い主次第で決まります。家族の一員として迎える前に、まずは飼う側の生活環境を見直してみましょう。

### Q 最後まで面倒を見られる?

**A** うさぎを飼う人が増えている一方で、捨てうさぎがいるのも事実。どんなときも最後まで面倒を見てあげることができるかどうかを考えてから、うさぎを迎えましょう。

### Q 一人で飼う? それとも家族と一緒?

**A** 一人暮らしで飼う場合は、毎日きちんと世話ができるか考えて。一方、家族がいる人は、うさぎアレルギーの人がいないか事前に確かめてください。また、引っ越しなど生活環境が変わる予定がある人は、落ち着いてからうさぎとの暮らしを考えましょう。

### Q 予算は大丈夫?

**A** 初めてうさぎを迎える際に揃える生活用品などの初期費用はもちろん、毎月の食費や消耗品代、また、病気になったときの治療費など予算をあらかじめ知っておきましょう。

#### 初期費用の目安

**生活用品**

ケージ(7,000~17,000円)
床材(すのこ 700~1,600円/1枚)
食器・給水ボトル(各1,000円前後)
トイレ(1,000円前後)

**食べ物や消耗品**

干し草とペレットで毎月2,000~4,000円程度
トイレ砂、ペットシーツなど毎月1,000円程度

**その他**

定期的に病院で健康診断などをしてもらいましょう。初診料は1,000~2,000円程度。また、暑さや寒さの対策にエアコンは必須。電気代もかかります。

## Q ほかにペットを飼ってない？

**A** すでにほかの動物をペットとして飼っている人は注意が必要。うさぎは、犬や猫、小鳥などとは多くの場合同居可能ですが、個体によってはほかの動物と暮らすことが大きなストレスになる場合があります。最初の出会いがうまくいくかどうかが、仲よく暮らすための鍵となります。

一方、一緒に飼うのを避けたいのがフェレットとモルモット。うさぎはフェレットのにおいだけでもおびえることがあります。また、うさぎはモルモットの苦手な細菌を持っている場合があるので、一緒に住むには向きません。

### 相性のよいペット

**犬、猫、小鳥など**

最初の出会いがうまくいけば仲よくなることもあるが、お互いにけがをすることのないように注意。

### 避けたいペット

**フェレット、モルモットなど**

うさぎはフェレットのにおいが嫌い。モルモットが苦手な細菌をうさぎが持っていることも。

STEP 3

# うさぎの選び方&準備

## 何を目安に選べばいい？

自分に合ったパートナーを選ぶには何を目安にしたらよいのでしょうか。まず考えられるのは、品種で選ぶ方法です。うさぎの性格は品種によってある程度の傾向がありますし、世話のコツも少しずつ違います。サイズや毛質、耳の形なども選ぶ際のポイントになります（P18～39うさぎカタログ参照）。また、オスにするかメスにするか、1匹で飼うか複数で飼うかについてもよく考えなくてはなりません。

最大のポイントは、飼い主の生活環境。自分がうさぎとどんな暮らしができるかということと、うさぎのケアにどれだけ時間が割けるかによって、どんなうさぎが合っているのかが異なります。うさぎとの生活を楽しいものにするためにも、時間をかけてパートナーを選びましょう。

## 1 毛質、耳の形、大きさなどうさぎの種類で選ぶ

長毛種と短毛種、耳が立っているものと垂れているものなど、バリエーションはさまざま。純粋種※は、それぞれ大きさや形がある程度決まっていますから、どんなうさぎに育つか、事前に予想できることがメリットです。

### 耳の形

一般的に垂れ耳のうさぎは動作がゆっくりとしていて甘えん坊が、耳の立ったうさぎにはやんちゃな性格が多いといわれます。

立ち耳

[ ネザーランドドワーフ ]

垂れ耳

[ アメリカンファジーロップ ]

### 毛 質

長毛種も短毛種もそれぞれの魅力があります。長毛種は毎日ていねいなブラッシングが必要です。また暑さに弱いので、夏場は特に配慮しましょう。

長毛

[ イングリッシュアンゴラ ]

短毛

[ ミニレッキス ]

### 大きさ

小型種は暑さや寒さ、温度変化により弱く、大型種はある程度のスペースが必要に。大人になったらどのくらいの大きさになるかもしっかりチェックして。

小型

[ ネザーランドドワーフ ]

大型

[ フレミッシュジャイアント ]

※純粋種…品種として公認された種類。

## 2 オスかメスか、性別で選ぶ

うさぎの性格は品種や個体差によることが多いのですが、行動には性別で違いがあります。オスとメスの大きな違いは、本能からくる縄張り意識。オスは特に広範囲にわたって縄張りを主張する行動をとります。それぞれの習性を理解してパートナーを選びましょう。ただし生後3か月までの子うさぎを購入する場合は、オスかメスかは見た目ではわかりにくいものです。ペットショップで見分けてもらいましょう。

### 縄張り意識が強いオス

おしっこをまき散らして縄張りを主張する「スプレー」という行動をとることがあります。これを抑えるには、去勢手術を受けさせるしかありません。あちこちにあごの下の臭腺をすりつけるにおいづけも、メスより盛んに行うようです。

スプレー行動は、情緒が不安定なことが多いといっそう激しさを増す

### 子育ての場所を守るメス

避妊していない大人のメスは一年中発情が持続し、いつでも妊娠可能な状態にあります。したがって、メスは出産・子育てに必要な縄張りを確保しようとします。また、メスでも情緒が不安定になるとスプレー行動で縄張りを主張することがあります。

出産や子育てのための縄張りを守ろうとする意識が強い

### CHECK! オスとメスの見分け方

オスとメスは生殖器の違いで見分けます。大人のオスには大きな睾丸があるので判別しやすいのですが、生後3か月までの子うさぎの場合は、睾丸がおなかの中に隠れているので区別が難しくなります。

この場合、生殖器の先端の形で見分けることになります。生殖器の周囲を押して先端を広げたとき、先端が丸いのがオス、スリット状なのがメスです。判別するのは難しいので、ペットショップなどで見分けてもらいましょう。

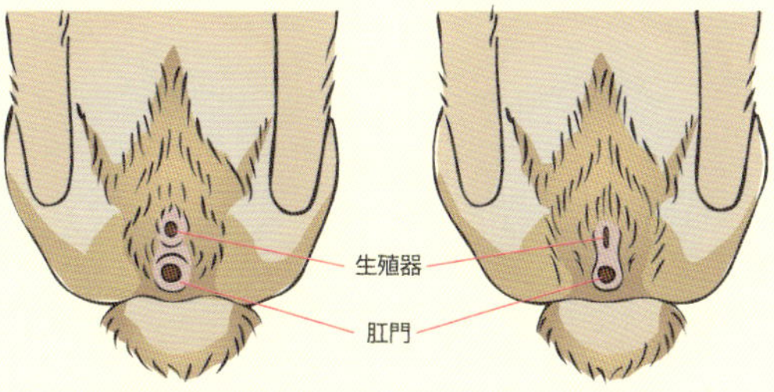


［オス］　［メス］

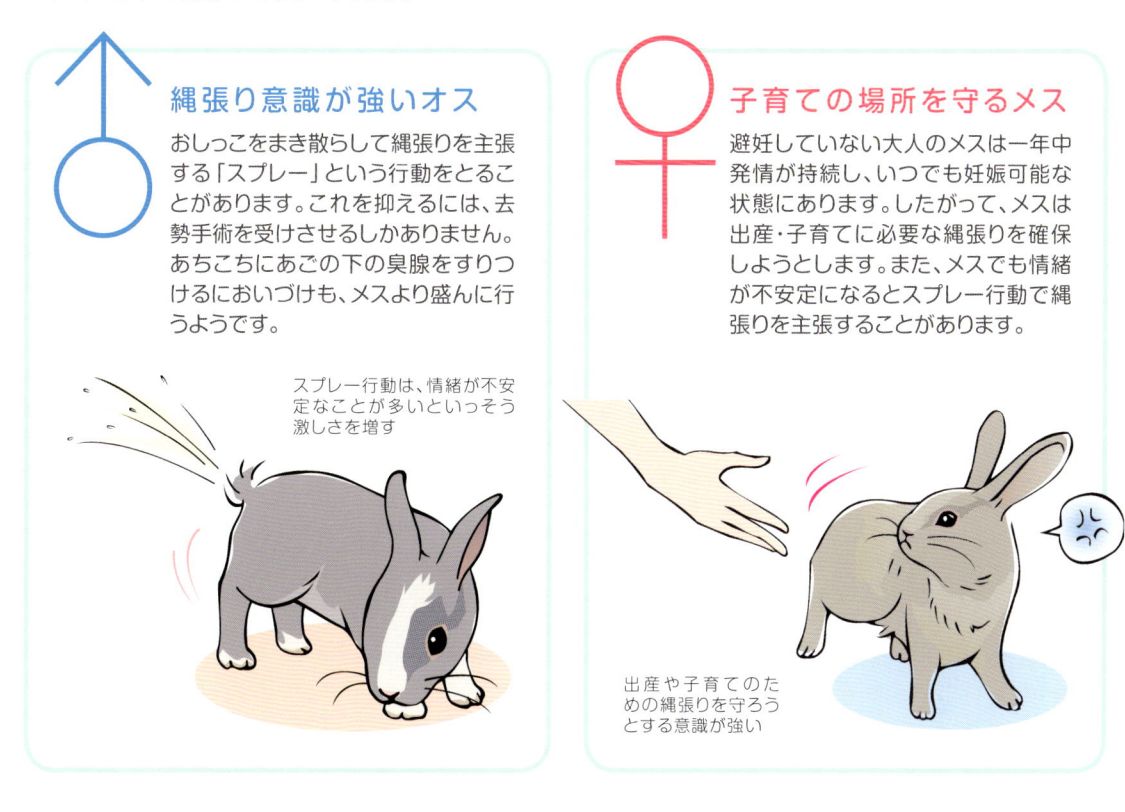

# 3 1匹で飼うか、複数で飼うか

よく「うさぎは寂しいと死ぬ」などといわれますが、そのようなことはありません。
野生のアナウサギは群れで生活していますが、ペットとして飼われているうさぎの場合は、1匹で飼っても問題ありません。うさぎを飼うのが初めてなら、まずは1匹にたっぷり時間と愛情をそそいであげるのがよいでしょう。
うさぎは縄張り意識が非常に強い動物なので、むしろほかのうさぎがいるとストレスを感じる場合が多いのです。やきもち焼きなところもあり、最初に1匹で飼われていたところに新たに別のうさぎがやってくるのも気に入りません。個体差もありますが、仲よくさせるのは大変です。
はじめから複数のうさぎを飼うつもりなら、縄張り意識が出始める生後3か月までのうさぎ同士にしましょう。
また、複数で飼う場合、ケージは1匹1匹別々にするのが基本です。

## 1匹で飼う場合

### メリット

- 十分にケアできるので、うさぎと親密な関係が築きやすい。
- うさぎがストレスのない状態でいられ、長生きする場合が多い。

### デメリット

- 将来「この子の子どもがいたら…」と思ったときに、お見合い相手を探すのが難しい。

## 複数で飼う場合

### メリット

- それぞれの個性が楽しめる。
- オスとメスのペアで飼えば子どもを残せる。

### デメリット

- 個体数ぶんだけ手間と費用がかかる。
- 個体数ぶんのケージとスペースが必要。
- 飼い主になつくのに時間がかかる。
- 1匹が病気になったとき、ほかのうさぎにも感染する危険がある。
- オスとメスで飼うと次々に子どもができてしまう。

CHECK!

# 複数飼いをする場合の注意点

うさぎを複数で飼う場合は、性別によってはっきりとした相性があります。縄張り意識の強いオス同士が一緒に暮らすのは困難で、多くの場合大ゲンカになります。複数のオスを飼うときは、ケージを離しておくのが基本です。

メス同士はオス同士ほどケンカをしませんが、やはり個体の性格によって相性はあります。はじめはケージ越しに対面させて、徐々に慣らしていきます。仲よくならない場合はオス同様ケージを離しましょう。仲よくなってからも、それぞれがストレスなく過ごしているか注意して見てあげることが大切です。

オスとメス両方を飼う場合は、思わぬ妊娠をしないよう注意が必要です。いずれの場合も、ケージは別々にするのが基本です。



オス+オス

## オス同士は敵対関係

縄張り意識が強く、激しいケンカをする。そのケガがもとで死亡する場合も。去勢してもケンカするので、ケージは離れた場所に置き、ケージから出す時間も別々に。できれば部屋も分けるなど、それぞれの縄張りが重ならないように。

メス+メス

## メス同士は個体の相性次第

メス同士で飼うことは可能だが、中には相性が悪く、ひどいケンカをする場合も。ケージは別々にするのが基本。

オス+メス

## ペア飼いは次々と子どもが誕生

放っておくとどんどん子どもが増える。繁殖させるとき以外は、オスとメスは別室に。

### 繁殖させないなら避妊・去勢手術を

繁殖させるつもりがないなら、避妊・去勢手術をしましょう。発情によるストレスが減り、性格も穏やかになる場合が多いようです。オスのスプレー行動や、メスの子宮に関する病気も防げます。病院に相談しましょう（詳細はP138～を参照）。

STEP 4

# うさぎと出会う

## 自分の目で見て、確かめて決めよう

たくさんいるうさぎの中から自分に合ったうさぎと出会うのはたいへん。詳しい店員のいるペットショップで、自分の好みや生活スタイルを伝えて相談に乗ってもらうのがベストです。特に初めて飼うなら、購入後も相談に乗ってくれるところが安心です。

個人宅で生まれた子うさぎをもらい受ける場合は、生後4～5週間のときに見に行っておき、生後8週間くらいまでは母うさぎに育ててもらいましょう。両親となったうさぎの性格などを聞いておけば、しつけにも役立つはず。

どちらにしても、必ず自分の目で見て納得してから決めることが基本です。

### ショップで購入　チェックは夕方遅めに!

うさぎは夜行性なので、活動時間にあたる夕方遅めの時間に行き、活動する様子を見てから選ぶ。何件か回り、うさぎに詳しい店員のいるペットショップから買うのがベスト。

**! よいショップのポイント**

- 店内が清潔
- 店員がうさぎに詳しい
- 購入した後の相談にも乗ってくれる

### ブリーダーから購入

**出産を待って買うことも**

うさぎのブリーダーから買うのもひとつの方法。インターネットなどで告知をしているブリーダーも多い。直接会いに行き、誠実な対応をしてくれる人から買うようにしよう。

### 一般の家庭から譲り受ける

**オーナー交流も可能**

友人の飼っているうさぎに赤ちゃんが生まれるときや、インターネットなどで里親を募集している人から譲ってもらうことも。近親交配をさせていないかきちんと確認して。

### うさぎに「血統書」がある?

ブリーダーやペットショップが発行する血統書があり、購入する際に、うさぎについてくることが多い。品種のスタンダード(基準)に合わせて繁殖管理され、3世代以上その品種の特徴を保ってきたうさぎだと証明するもの。そのうさぎの情報のほかに、繁殖者情報と、うさぎの両親、祖父母、曾祖父母の名前やカラー、体重などが記載されている、いわばうさぎの「家系図」だ。

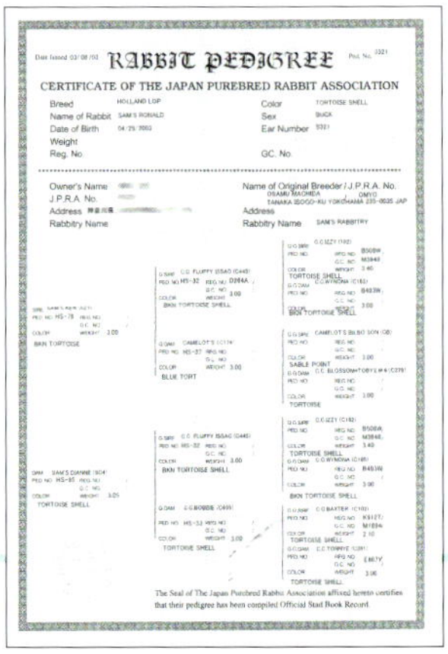


ペットショップ発行の血統書
(「うさぎのしっぽ」提供)

CHECK!

# 健康な子うさぎのチェックポイント10

ペットショップにいるのは主に子うさぎ。健康なうさぎを見分けるためには、いくつかのポイントがあります。まず離乳が完了するまでの生後6週間は母うさぎのもとで育ったうさぎであることを確認しましょう。それより前に母親から離され母乳を十分にもらえなかった子うさぎは、健康を維持するために必要な腸内細菌が完全に形成されていません。したがって胃腸のトラブルが起こりやすくなってしまいます。

また、ペットショップの人に頼んで抱っこさせてもらいましょう。重量感のある、お尻の肉づきのよい子が健康な子うさぎです。体の各部位についてもよく見て確認。食欲やフンの状態もチェックします。

POINT.1

**目**はパッチリときれいで、目やにや涙が出ていないこと。

POINT.2

**耳の中**もきれいで、ただれたり、嫌なにおいがしていないこと。垂れ耳タイプのうさぎは特に気をつけてチェック。

POINT.3

**口や鼻**のまわりの毛が鼻水やよだれで固まっていないこと。

POINT.4

**前歯**が正常なかみ合わせであること。

POINT.5

床に置いたとき、**うまく立てる**こと。ごくまれに、後ろ足が開いて立てないうさぎも。

POINT.6

ケージの前に立ったときに、**寄ってきたり**、逆に**逃げたり**する元気があること。

POINT.7

**毛並み**がきれいでつやがあり、地肌にケガがないこと。

POINT.8

**おなかの毛**が下痢などで汚れていないこと。

POINT.9

**お尻**が、下痢やおしっこで汚れていないこと。乾いた大粒のフンが出ていること。

POINT.10

**足の裏**にケガや脱毛がなく、毛に覆われていること。また、**前足**が鼻水などで汚れていないこと。

STEP 5

# グッズ選び

## うさぎが喜ぶ環境づくり

うさぎと暮らすには、さまざまなものが必要になります。実際に暮らし始めてから慌てることのないように、どんなうさぎグッズがあるかを知っておきましょう。

選ぶポイントは、うさぎが健康で安全に暮らせるようなものであることが第一ですが、飼い主が楽しく世話できるようなグッズを選ぶことも、充実したうさぎライフを送るコツです。うさぎと飼い主の事情に合わせて揃えていきましょう。

### 生活に必要な基本グッズ

□ ケージ
□ 床材
□ 給水ボトル
□ トイレ&トイレ砂
□ 干し草&干し草入れ
□ ペレット&食器
□ かじり木
□ ブラッシング用品
□ 爪切り

### あると便利なオプショングッズ

□ キャリーケース
□ サークル
□ 防暑グッズ
□ 消臭剤
□ 巣箱
□ 防寒グッズ
□ 温湿度計

# ケージ

## 1日の大半を過ごす場所だから、慎重に選びましょう

グッズ選びの中でも特に重要なのは、うさぎの生活場所であるケージ。うさぎはたいていケージの外より中にいる時間のほうが長いものです。うさぎのサイズや掃除のしやすさなどを考え、快適に暮らせるものを選びましょう。

### 扉　正面と上面、両方開くタイプのものがおすすめ

うさぎが自分で出入りするときは正面の扉を使うが、抱いて出し入れするときは上面の扉も使うので、両方についているものが便利。

### 留め金　金具の尖端がうさぎを傷つけないよう要注意

留め金は丈夫なものであること、金属の尖端がうさぎを傷つけないようきちんと処理されていることを確認して。

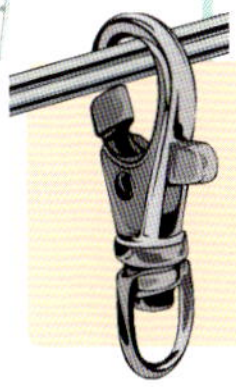

**ナスカンで二重ロック**

留め金がゆるむなどして、うさぎが自分で開けてしまいそうなら「ナスカン」などを使ってしっかり留める。

### 底　引き出し式だと掃除がラクチン

ケージの底に引き出せるトレイがついていると、トイレでしそこなったおしっこやフンの掃除が楽にできる。

**扱いやすさも重要**

ときどきはケージを分解しての大掃除も必要なので、飼い主が扱いやすい重さや構造であることも大切。着脱式のキャスターつきなら移動も楽。

## CHECK!　ケージのサイズには余裕をたっぷりもたせて

ケージは前後左右と高さに十分なゆとりがなければなりません。小型種を1匹で飼うなら、奥行き50cm、幅60～90cm、高さ60cm程度あるケージを選ぶとよいでしょう。

また、子うさぎを飼い始めてもあっという間に大きくなります。ペットショップの人に、どのくらいの大きさが必要か聞いておき、そのサイズに合ったケージを選びましょう。

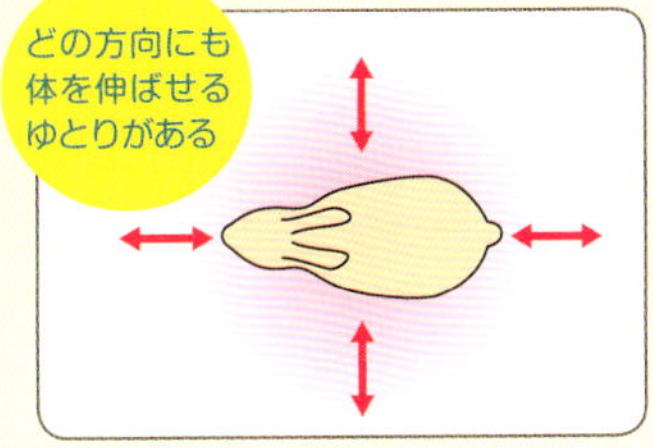
どの方向にも体を伸ばせるゆとりがある

ケージを上から見た図

立ち上がっても高さに余裕がある

ケージを横から見た図

# 基本グッズ

## 最初にこれだけは揃えておこう

室内で1匹を飼う場合の、基本の小物と消耗品です。トイレや食器などは、うさぎの大きさに合わせて、ぴったりのサイズのものを選んであげましょう。

### 床材

#### すのこなら衛生的で掃除も楽

ケージの床の金網はうさぎの足を痛めるので、床材としてすのこを敷きます。取り換え用もあるとよいでしょう。チップなどを敷きつめる方法もありますが、片寄ってしまうとケージ床に直に足がついてしまいます。掃除も楽なので、すのこがオススメです。

プラスチック製すのこ

木製すのこ

### 給水ボトル

#### 濡れるのが苦手なのでボトル式が○

うさぎは体が濡れると病気になりやすいので、こぼれたりしないボトル式のもので水を与えます。ボトルはバネ式などのホルダーでケージの外に取りつけます。水漏れがないかチェックし、ノズルの中も詰まらないようきれいに洗います。

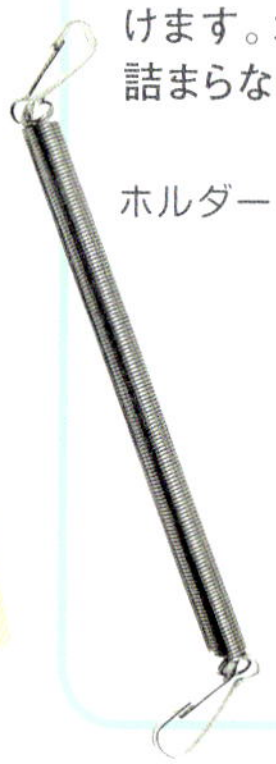
ホルダー

水飲みボトル

### トイレ&トイレ砂

#### うさぎ用なら、後ろに飛んだおしっこもしっかりキャッチ!

トイレは特にうさぎ用のトイレでなくても代用できますが、オスのうさぎはおしっこを後ろに飛ばすことがあるので、後ろの壁が高くなっているものが便利。また、トイレ砂は、トイレの底と網の間に敷き、おしっこを吸わせてにおいをやわらげます。シート状のペットシーツもありますが、うさぎがかじらないよう注意しましょう。

ペットシーツ

うさぎ用トイレ

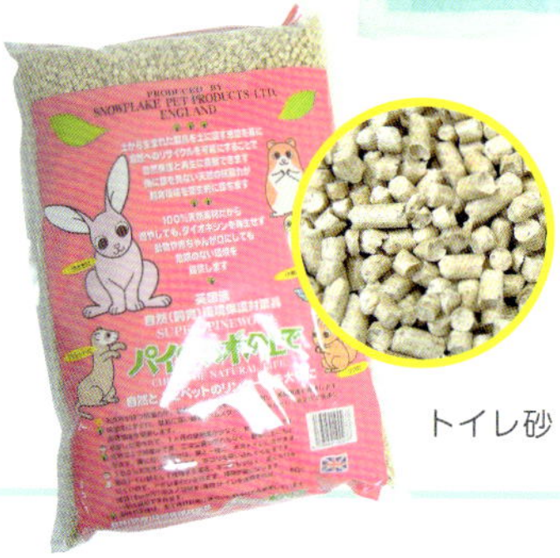
トイレ砂

## 干し草&干し草入れ

### うさぎの主食、歯の健康のためにも必要

奥歯を正しくすりあわせ、胃腸の正常な活動を維持するために、干し草（牧草という場合もあります）は必ず主食として与えます。食器に入れてもかまいませんが、多くのうさぎは高いところから引き抜いて食べることを好むので、ケージの外に取りつけるタイプのものに入れてもよいでしょう。

干し草入れ

うさぎのしっぽ
オリジナル牧草
チモシー1番刈り
3つの新鮮！
3つの効果！

干し草

## ペレット&食器

### 食器はうさぎがひっくり返さないものを

栄養バランスに優れたペレットを主食の一部として与えます。食器は、うさぎがひっくり返したりしないよう、重くて安定しているものか、ケージにネジで取りつけられるタイプのものがよいでしょう。

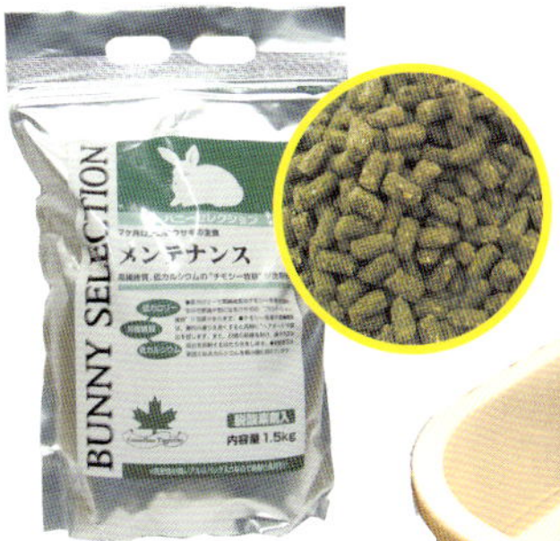
BUNNY SELECTION
メンテナンス

ペレット

ケージに取り付けられる食器

## かじり木

### かじって遊ぶおもちゃ

歯のためにかじらせなくてはならないということはありませんが、うさぎはかじることが好きなので、かじり木をあげるとよいでしょう。

かじり木

## ブラッシング用品

### 毎日の習慣にして毛玉を防止

ブラッシングはお手入れの基本。うさぎの健康のためにも、いつもきれいにしてあげましょう。

小動物用ブラシ

スリッカーブラシ

## 爪切り

### ペット専用爪切りを使おう

室内で飼う場合、飼い主が爪を切ってあげなければいけません。そのままにしておくとケガのもと。プロにお任せする手もありますが、自分でもできるようになっておきたいものです。人間用のものは使いづらいため、ペット専用のものを用意しましょう。

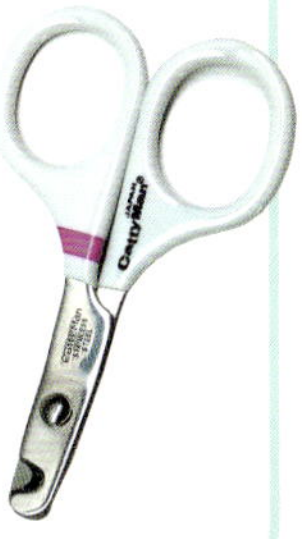

ペット用爪切り

ぼくが
来る前に
揃えて
おいてね

# オプショングッズ

## うさぎとの生活をより楽しむために揃えたいグッズ

お出かけ用や季節のグッズなど、うさぎが毎日の暮らしに慣れてきたら徐々に揃えていきたいものを紹介します。

### キャリーケース

#### 病院などに連れていくときに便利! 専用・折り畳みタイプも

外出時には持ち運びしやすいキャリーケースを使いましょう。最近はうさぎ専用のさまざまなタイプが売られています。病院へ行くときは、横開きの扉しかついていないタイプだと出し入れしにくいので、上部も開閉できるタイプが便利。

金網の扉だと、食器などの取りつけが楽にできる

床面が取り外せるものはおしっこやフンの掃除がしやすい

### サークル

#### ケージの掃除中にうさぎを入れておけば安心・安全

うさぎをケージから出すときは、危険な場所に行かないよう、サークルで囲ったスペースに入れておくと安心です。また、サークルの中をうさぎの部屋にする方法もあります。うさぎがジャンプしても越えられない高さのものでないと危険です。

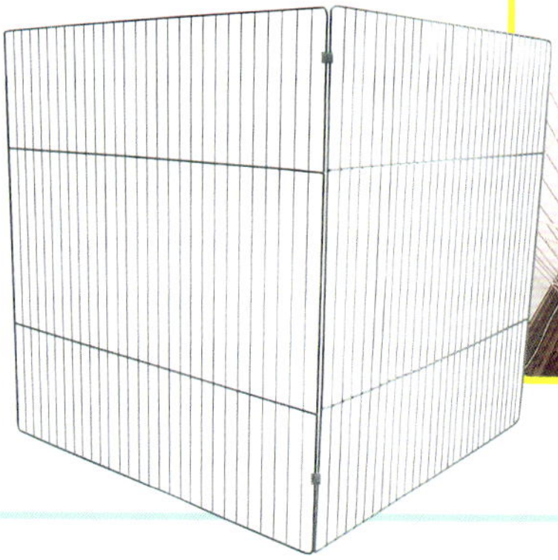

ケージを掃除するときなどに活躍するサークル

## 巣箱

### 神経質なうさぎの隠れ家としても○

本来は繁殖させるときに必要な巣箱。神経質なうさぎには隠れられる場所として、あるいは寒さよけとして、ケージの中に入れてあげてもよいでしょう。中にはワラなどを敷いて。

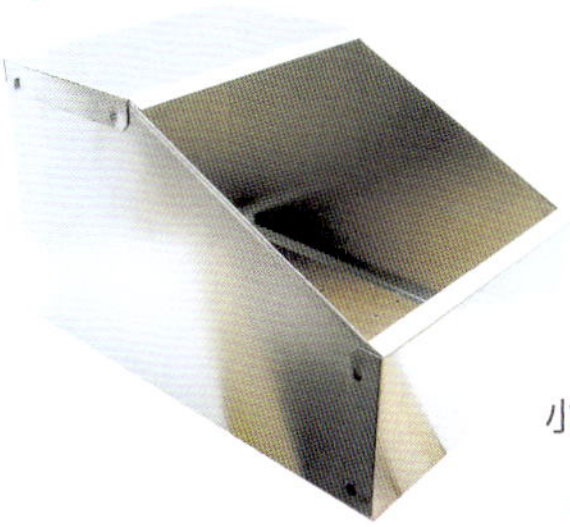

小型種用の巣箱

## 防暑グッズ

### 夏の暑さはうさぎの大敵 専用グッズで乗り切って

暑さと湿気に弱いうさぎ。夏は暑さをやわらげる専用グッズで快適な暮らしを応援します。

うさぎの体温を吸収するクールボード

## 温湿度計

### 生活環境をチェックするために便利なアイテム

うさぎは気候の変化に弱い動物です。温度や湿度をチェックして、室内のコンディションを調整してあげる必要があります。

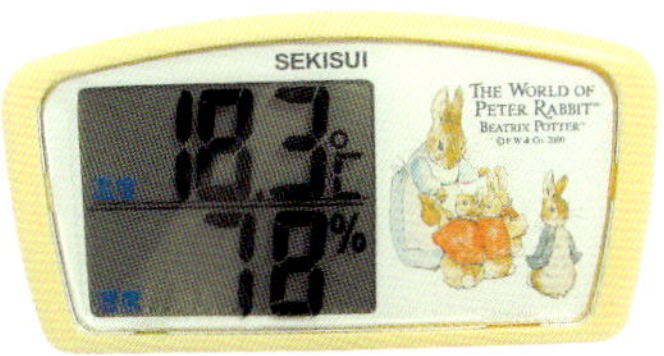


デジタル温湿度計

## 消臭剤

### うさぎに安全な消臭剤をトイレのしつけにも効果的

部屋にうさぎのおしっこのにおいを充満させないためやトイレのしつけのために、消臭剤も活躍します。減菌効果があり、うさぎにも安全なものが売られています。

消臭スプレー

## 防寒グッズ

### 冬の寒さからうさぎを守る

うさぎは寒さも苦手。冬の寒さが厳しいときは、ペットヒーターが大活躍します。ヒーターの上でリラックスさせてあげてください。かじったり、水にぬれたりしても安全なものを選びましょう。ただし、うさぎは足裏を痛めるので、犬猫用の表面が硬いヒーターは避けてください。

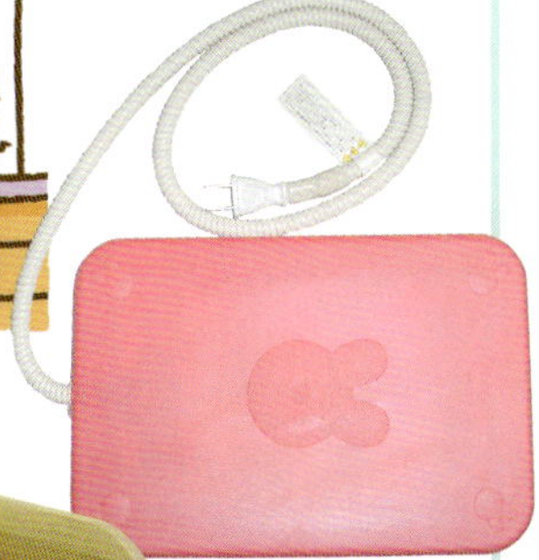

ペットヒーター

ヒーターつきボックス

STEP 6

# 部屋のレイアウト

## 基本は「ケージ飼い」

うさぎを室内で飼う場合、ケージの中で飼う、サークルでスペースを仕切ってケージをその中に入れて飼うなどの方法があります。家の広さや飼い主の生活スタイルに合わせて決めますが、基本となるのはケージで飼う方法。環境をコントロールしやすいので、初心者向きといえます。

### ケージのレイアウト

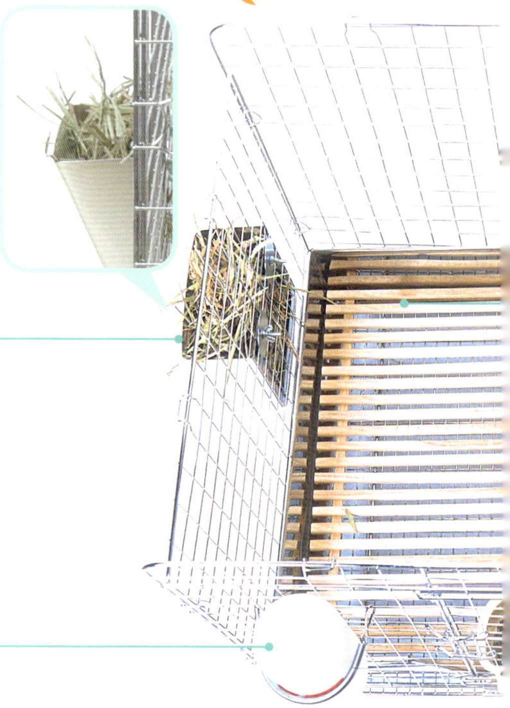

**干し草入れ**

側面に取りつけて、いつでも外側から入れ替えや補充ができるようにしておくと便利。

**給水ボトル**

うさぎが飲みやすい位置に取りつけ、成長に合わせて高さを調整する。

## CHECK! ケージの置き場所に要注意！

うさぎがストレスをためないように、ケージは静かで落ち着いた場所に置くことが大切です。部屋の真ん中に置くのではなく、ケージの2面が壁に接するような隅に置くのがよいでしょう。そうでない場合は、家具や板などを使って、側面に目隠しをしてあげると、うさぎは安心してリラックスすることができます。

ケージは2面を壁に接して置くのがベスト

多頭飼いするときは、ほかのうさぎとなるべく離す。できれば別室へ

快適な
お部屋に
してね

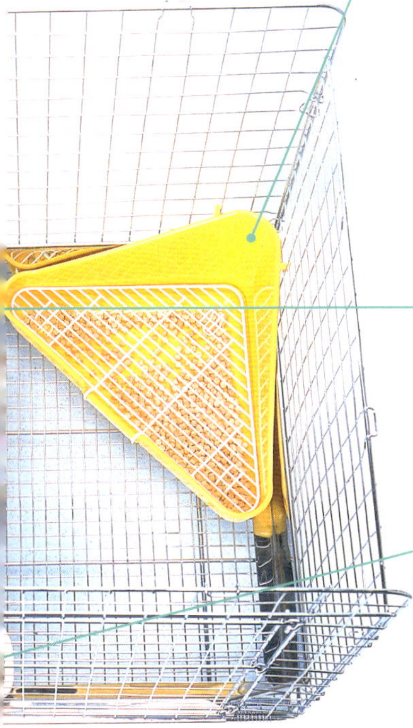

## トイレ

トイレ砂を入れて必ず隅のほうに置くようにする。
トイレ砂はひと握りほど入れるだけで十分。

### トイレの場所は うさぎの様子を見て決める

うさぎをケージに入れてみて、よくおしっこをする場所にトイレを置くようにすると、スムーズにトイレになじみます。また、トイレでさせるのが難しい場合は、右図のように、すのこのない部分を作ってトイレ代わりに使わせる方法もあります。

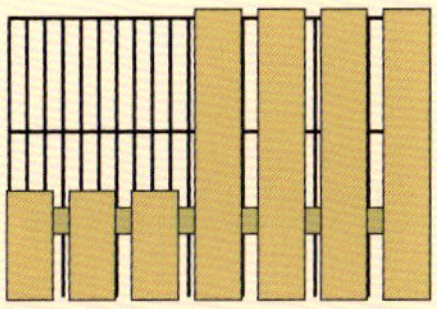

すのこの角を切り、下の金網が見えている部分をトイレにする

## 床材

金網はおしっこやフンの処理には便利だが、うさぎの足裏に負担がかかる。必ずすのこなどを敷くこと。

## 食器

トイレと食器は隣同士にせず、必ず離して置く。

また、うさぎは暑さと湿気が苦手なので、直射日光が当たる場所、じめじめして風通しの悪い場所は避けてください。常に快適に過ごせるように、室温は18～23度、湿度は40～60%ぐらいに保ちましょう。そのため、必要に応じてエアコンや除湿器などで管理するのがよいでしょう。ただしエアコンの風は直接あたらないように。

エアコンの風があたる場所や、昼夜の温度差が激しい南向きの部屋はNG

湿度が高く、風通しの悪い場所は避ける

## サークルで飼う場合のポイント

**サークル**

1～2畳ほどの広さを十分な高さのサークルで囲い、うさぎが自由に遊べるスペースを作る。ケージのある2面は壁につける。

**遊び道具**

市販されている木製のラビットハウスなど遊び道具を置いてあげても。狭いところを好む習性があるので、そのような場所を作ってあげる工夫も○。

**ケージ**

サークルの隅に置く。サークルで飼う場合もトイレはケージの中に。ケージに戻ってトイレをするよう習慣づける。

**マット**

やわらかい素材のカーペットや毛足の短いマットなどを敷く。

**トイレ**

ケージの中に戻ってトイレをするのが難しい場合は、外用トイレを置いておく。

### サークル飼いのメリット・デメリット

**メリット**

- うさぎが自由に遊べる

**デメリット**

- 広いスペースが必要
- ケージの外でのトイレの場所がわからなくなる
- サークルを飛び越えて脱走する可能性も

## 屋外で飼う場合のポイント

**屋根**

水がたまらないよう傾斜をつけ、長めのひさしで日差しや雨風を防ぐ。

**寝室**

全体の1/3くらいのスペースをとり、前面は木の扉をつける。中にはワラを入れて暖かく眠れるように。冬はワラを多めに入れたり木の箱などを入れたりして寒さをしのぐ。

**金網**

猫やカラスの襲撃防止のため、金網の扉をつける。

**足**

小屋が地面から30cm程度上になるように足をつけ、湿気から守る。

**引き出し**

床はすのこ状にし、床下に引き出しをつけておくと、フンや食べ残しの掃除が楽。

### 屋外で飼うメリット・デメリット

**メリット**

- 庭があれば大型種も運動がしやすい

**デメリット**

- 温度、湿度の管理が難しい
- 飼い主になつきにくい
- ほかの動物に襲われる危険がある

## CHECK! 起きやすい事故と防止策

人間が暮らす部屋の中には、うさぎにとって危険なものがいっぱい。事故は飼い主の配慮で防ぐことができるので、あらかじめ危険なものはしまっておく、防止策を講じるなど対策をとりましょう。

### 観葉植物で中毒に

室内の観葉植物や生花には毒性を持つものも多い。殺虫剤や土中の化学肥料も危険。植物を飾るならうさぎがかじらない場所へ。

### 絨毯、フローリングに注意

ループ状の毛の絨毯などに引っかけて生爪を剥がしてしまうことも。足の裏が毛で覆われているうさぎは、フローリングの床もすべって危険。

### 家具の上から落下

うさぎの骨は弱く骨折しやすい。高いところから落ちたり、抱き上げて落としたりすると骨折することも。踏み台になるものは置かない。

### 電気コードで感電

何でもかじるうさぎはコード類をかじって感電してしまうことも。

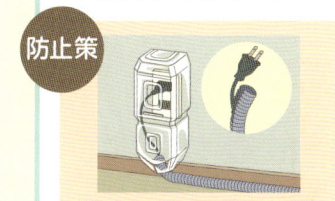

**防止策**

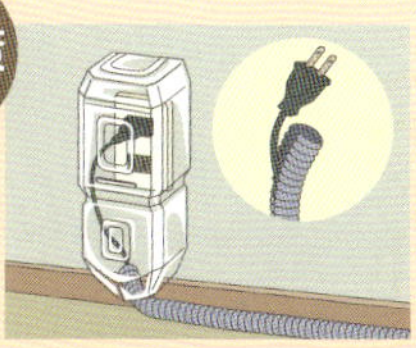

電気コードはコルゲートチューブで保護し、コンセントもペットボトルなどを利用してカバーする。

### 危険物の飲み込み

物を飲み込んだら吐き出せないうさぎ。異物がおなかの中で固まったり、中毒を起こしたりする。

### ! 部屋の中のキケン物は排除!

飲み込むとおなかの中でつまったり、中毒を起こしたりするものがあります。遊ばせるときは、うさぎの届かない場所に移動させましょう。

●輪ゴムやビニール袋などのゴム、プラスチック類 ●書類や新聞などの紙類 ●生花、観葉植物 ●小さなおもちゃや文房具 ●タバコ ●化粧品や医薬品、洗剤類、殺虫剤

### 家具や柱をかじる

木製の柱や家具の角は、うさぎが好んでかじる場所。ガードしたうえ、うさぎにはかじって遊べるおもちゃを与えましょう。

**防止策**

市販のL字型金具でカバーする。

# 幸せウサ漫画2

## 多頭飼いへの道編

① うさぎマニアの誕生
一人暮らしも半年経った。そばにペットがいてくれたら楽しいだろうな～♡
うさぎのかわいらしさにひとめぼれ～
かわいい～
PET
飼います！
すっかり夢中になりました♡
しかし…。
うさぎ初心者だった私は、数年後、不注意から、病気で亡くしてしまいました…。
グスン
うさぎ仲間と情報交換!!
うさぎ飼い方
うさぎDr.
2匹目を迎えてからは…
ヨロシクネ♡
ネットで勉強!!
RABBIT
カタカタ
そして!!
うさぎマニア誕生!!

② 多頭飼いの始まり
うさぎを一匹つれてお嫁入り。
主人も一匹くらいならと考えていた様子。
ずっと一匹で飼うつもりだった…。
ある日電話が…
元気？
うん！
実は、うちのうさぎが子供を産んで、里親が見つからないのよぉ～！
飼う気ある？
いいよ！
それが多頭飼いの始まりだったのだ…。
かわいいけど一気に増えたね～
かわいい～♡

命あるものを購入するというのは、普通のものを買うのとは違います。買う前に十分な知識を得ておくことが重要。

うさぎは縄張り意識が非常に強い動物なので、1匹1匹の身になって慎重に飼うかどうかの検討を。

③とまらない、うさぎ好き
数ヶ月後ペットショップへ
垂れ耳のうさぎにひとめぼれ♡
かわい〜♡
またか!?
その日は一応帰りました。
それから幾日の眠れぬ夜を過ごし…
う〜ん
欲しい〜
う〜さぎ〜
一週間後、再びあのペットショップへ
わーい!
いた!! かわい〜い
わーい!!
飼います!
はい!
そして家族が増えました。
仲良くしてねー♡
こんにちは
その後さらに、里親募集の2匹をむかえ…
うさぎの数が倍に…。

複数で飼う場合は個体同士の相性にも注意してください。オス同士だと激しいケンカをすることがあります。

④うさぎ屋敷へ
うさぎマニアの間でも注目を集める大型種のフレミッシュジャイアントに興味がわいた。
ジャイア〜ント♡
とうとう専門店で予約してしまいました。
うさぎ屋敷と化したわが家。
エヘヘ…
大忙しの毎日!
サッ!
セッセ
動物の世話は妻の役目。文句も言わずにやってます!
まさかここまで増えるとは…
夫

多頭飼いは、うさぎを緊張させるもの。避妊・去勢手術で中性化すると、うさぎのストレスをやわらげます。

## うさCOLUMN 02

# うさぎは昔から大人気
# 改良ブームで品種も多様に

うさぎがペットとして人間に飼われるようになったのは、16世紀ごろのヨーロッパでのこと。当時、貴族の女性たちの間では、ひざの上でなでられる動物がペットとして流行していました。主流は小型の犬や猫でしたが、おとなしくて毛並みの美しいうさぎも次第に注目され始めます。こうしてうさぎの品種改良ブームが始まりました。

時代が進むと、一般家庭でもうさぎがペットとして広まります。中でも人気を呼んだのが、スペースをとらない小型のドワーフ種。垂れ耳タイプ、長毛タイプなど、さまざまな特徴の小型うさぎが品種改良で次々と誕生し、現在にいたるまで人気を集めています。日本でもネザーランドドワーフをはじめとする小型種の人気が圧倒的です。

そのほか、もともと肉や毛を利用するためだった大型種やアンゴラ種なども注目されており、ペットとして飼われているうさぎは実に100種類以上といわれています。今後もさまざまな魅力を持ったうさぎたちが登場するのは間違いないでしょう。

性質が穏和な中・大型種は人気上昇中
アンゴラ種はフワフワの長い毛が魅力
小型種は日本の住宅事情にぴったり

Part.
3

ベストパートナーへの道

# うさぎの世話

さぁ、今日から我が家にうさぎがやってきます!
ここでは、これから楽しいうさぎライフを送るための
世話のしかたを中心に紹介していきます。

STEP 1

# 最初の1週間

## 慣れるまでは、そっと静かに見守ること

人間でも、環境が変わったときは慣れるまでに時間がかかるものです。ましてうさぎは臆病な動物。新しい環境におかれた場合、極度の緊張や不安から体調を崩してしまうことがあります。家にやってきて最初の1週間は、特に注意しましょう。「ケージの中は安全だ」と認識させ、不安を取り除いてあげなくてはいけません。なでたり抱っこしたりしたい気持ちはわかりますが、うさぎが落ち着くまでは我慢して。声をかけられただけでも怖がりますから、はじめの1～2日は食事や水を与えるくらいで、あとはそっと見守り、徐々に近づき親しんでいくようにします。

来て早々元気に遊びまわるうさぎもいますが、これは緊張によって興奮しているだけです。あくまでもそっとしておくこと。くれぐれもあせりは禁物です。

## ・・・ 最初の1週間の接し方 ・・・

### 初　日

#### 食事をそっと与えるだけにして

家に連れてきたら、水と食事を与えて
そっとしてあげましょう。
のぞき込んだり声をかけたりすると
びっくりさせてしまいます。

### 2〜3日目

#### 名前を呼んでみよう！

名前を呼ぶなど、
優しく声をかけてあげましょう。
ただし、短い時間に限ります。
ケージから外にはまだ出さないでください。

### 4〜5日目

#### 手から食事をあげてみる

ケージ内で手から直接食事をあげたり
なでたりしながら、うさぎと接する時間を
徐々に増やしていきます。
うさぎの頭上から接すると怖がるので、
正面から同じ目線で。

### 1週間

#### ケージから出してしつけをスタート！

飼い主に慣れてきたら、ケージから
外に出して遊ばせましょう。
トイレや抱っこのしつけも始めます。
その際も、うさぎが怖がらないように
優しく接してください。

## CHECK! うさぎをおびえさせないための3か条

### 1 抱っこはまだ我慢

まだ緊張しているうさぎは、
抱っこすると具合が悪くなることも。
むやみになでたり
触ったりするのはやめる。

### 2 粗相をしても決して叱らない

おしっこやフンをトイレにしないからと、
叱ってストレスを与えないように。
しつけは1週間が過ぎてから。

### 3 触れるときは優しくそっと

掃除などのため、どうしても
触らなくてはならないときは
両手ですくい上げるように、
そっと持ちあげる。

STEP 2

# 1日の生活リズム

朝
活発に動き、
食事を多くとります。
Z Z…
昼
睡眠をとり、ときどき
食事もとります。
シャク
シャク
夕方
起きて食事をとったり
遊んだりします。
ピョン!
ピョン!
夜
夜中は長い時間
起きていて、
昼よりも多く
食事をとります。

## 昼は睡眠、夕方から活発になる

うさぎは規則正しい生活リズムを持っています。昼間はほとんど寝て過ごし、夕方から動き出し、夜中は長時間起きたまま、明け方にまた活発に動くという、人間の1日とはかなり違う生活サイクル。食事やトイレの世話、遊びなどは、なるべくこのリズムを崩さないようにしてあげたいものです。だからといって人間がうさぎの生活に振り回されてしまってはいけません。うさぎがかわいくなくなってしまいます。

毎日のことですから、楽しみながらやることが大事。お互いに歩み寄り、うさぎの生活リズムと人間の生活の都合を合わせていきましょう。うさぎは意外と適応力のある動物です。無理のない程度なら、飼い主の都合に合わせても快適に過ごしてくれるでしょう。

# お互いが快適に暮らすために

うさぎはとってもデリケート。不衛生な生活環境は病気のもとになるので、トイレの掃除は毎日します。ケージの大掃除も1～2週間に1回は行いたいもの。ただし妊娠中などは神経質になっているため、掃除は控えめにしましょう。

食事や水の世話も毎日欠かせません。干し草や水を切らすと、うさぎの胃腸や腎臓などに病気を起こしてしまいます。さらに、ブラッシングや遊び、運動をさせることも忘れないで。毎日うさぎに接することは、コミュニケーションとしても大切です。また、このときに合わせて健康チェックも行いたいもの。爪切りは1～2か月に1回程度行います。季節の変わり目には、環境の見直しをしたり、健康診断を受けさせたりするとよいでしょう。お互いの生活リズムを考慮して、おおよその世話プランを考えておきましょう。

## 毎日すること

- **食事の世話**（P120参照）
  朝夕2回。干し草とペレットを与える。
- **食器の洗浄**（P74参照）
  食器、給水ボトルの掃除。
- **トイレの掃除**（P74参照）
  トイレ砂の交換、フンの処理など。
- **ブラッシング**（P81参照）
  ブラシで毛のお手入れをする。
- **運動**（P106参照）
  しつけを兼ねた遊び、鼻サッカーなど。
- **健康チェック**（P124参照）
  全身のチェック、排泄物のチェックなど。

## ときどきすること

- **大掃除**（1～2週間に1回程度）（P75参照）
  ケージを分解して水洗い。
- **爪切り**（1～2か月に1回程度）（P86参照）
  前足と後ろ足の爪切り。

※このほか、必要に応じて耳や目のケアなど

## 季節の変わり目にすること

- **飼育環境の見直し**（P76参照）
  気温と湿度の変化に弱いのでこまめに調節。
- **健康診断**（P137参照）
  信頼できる獣医師を見つけておく。

STEP 3

# ケージの掃除

## ケージはいつも清潔にしておく

健康で快適な暮らしのためには、生活環境を不衛生にしないことが大事。不衛生な生活は病気のもとです。

食器や給水ボトルは、毎日掃除してあげましょう。また、汚れ具合に応じて、ときどきはケージの大掃除もしてあげなければなりません。特に、湿気の多い梅雨どきや夏場は、不潔になりがちなので注意しましょう。

掃除は、うさぎがケージの外で活動している時間帯を選んで行いますが、目を離したすきに思わぬ事故にならないよう、サークルに入れておくなどの安全対策をとりましょう。なお、うさぎが妊娠中や子育て中の場合は、ストレスになるので掃除を控えます。

### 毎日の掃除

食器、トイレは毎日きれいに掃除しましょう。干し草の減り具合、フンの状態や大きさで健康もチェックできます。

#### トイレの掃除

トイレ砂やペットシーツを取り替える。おしっこがこびりつくとにおいが取れなくなるので、こびりつく前に水洗いを。ケージ内に落ちているフンも拾って捨てる。

キュッ
キュッ

きれいに
してくれて
うれしいな

給水ボトルの中を
ブラシで
洗ってネ!!
ヨロシク♡

#### 食器の洗浄

食べ残しは捨て、食器と給水ボトルは毎日水洗い。給水ボトルは水あかがつかないよう、中もブラシで洗う。食器の水気は十分ふき取る。

# 大掃除の手順

ケージの汚れ具合に応じて、1～2週間に1度を目安に洗います。スペースが必要なので、お風呂場で洗うのが便利。

## 1 まずはケージを分解

食器などの小物をすべて取り出す。金具も外せるところは外し、ヘラなどで大まかに汚れを落とす。

## 2 ブラシでこすり汚れを落とす

ブラシでしっかりと汚れをこすって洗う。水洗いが基本だが、洗剤を使う場合は洗浄成分が残らないよう、完全に洗い流すこと。洗い終わったら金属部分は熱湯をかけて消毒する。

## 3 日光にあてて乾燥させる

洗い終わったら、日光にあてて乾燥させる。プラスチック製品など熱湯消毒できないものも、一緒に日光消毒を。

## 4 乾いたら組み立て直す

乾いたら元通りに組み立て直す。うさぎは湿気に弱いので、完全に乾いているか、よくチェックすること。

**CHECK!**

### におうのは掃除が雑だから？

うさぎの排泄物はあまり臭くありません。ただし、時間がたつとにおってくるので、毎日こまめに掃除をすることが大切。トイレににおいがこびりついてしまった場合はなかなか取れないので、新しいものに買い替えてください。また、消臭スプレーを使う場合は、スプレーの水分が残ったままにならないよう、必ずよくふき取りましょう。おしっこをためなければ、においがこびりつくことはありません。

STEP 4

# 四季の暮らし

## 気温や湿度の変化がとても苦手

情緒あふれる四季の変化も、うさぎにとってはあまりうれしいものではありません。うさぎは温度や湿度に敏感で、特に子うさぎや高齢のうさぎ、病気や妊娠中のうさぎを飼っている場合には十分な対策が必要です。

うさぎが最も快適なのは、温度18〜23℃、湿度40〜60%の環境です。室内飼育の場合はエアコンで調節できますが、エアコンをつけているときと切っているときの差がありすぎないように注意しましょう。夏と冬、梅雨には、飼い主が特に気をつけてあげなければなりません。

## 春&秋 温度差の激しい季節の変わり目は要注意!

暑すぎず、寒すぎない春と秋は、うさぎにとって暮らしやすい季節です。うさぎを初めて家に迎えるのにも適しています。ただ、季節の変わり目には、急に寒くなったり暑くなったりする日もあるので注意を。朝晩の冷え込みにも気をつけてあげましょう。

また、春は冬毛が夏毛に、秋は夏毛が冬毛に生え替わる換毛期。いつもよりもずっとたくさん毛が抜けます。うさぎが毛を飲み込んで病気にならないように、こまめなブラッシングが必要になります。

ブラッシング
はこまめに
冷え込む朝晩は
室温が下がりす
ぎないよう管理

# 梅雨 湿気に弱く、健康上のトラブルも起こしがち

こまめに掃除して、ケージ内を清潔に保つ。洗ったらきちんと乾燥させること
エアコンや除湿器で、湿度を40〜60%にキープ
水は朝晩2回取り替える
食べ残しはすぐに捨てる
PYON!


もともとヨーロッパの乾燥した地域に生息していたうさぎにとって、湿気の多い日本の梅雨はつらい季節。高温多湿の状態で不衛生な環境におかれると、寄生虫や菌による皮膚病など、健康上のトラブルが起こりやすくなります。

まずは、風通しをよくしたり、エアコンや除湿器を使ったりして、湿度を40〜60%に保ちましょう。またこの時期は、ペレットや干し草、水が傷んだり、カビが生えやすくなったりします。食中毒を起こさないよう、食べ残しはきちんと処分し、常に新鮮なものを与えるよう心がけましょう。買い置きのペレットなども湿気らないよう保存に注意。水も朝晩2回取り替え、ケージの掃除もこまめに。なお、この時期の繁殖は特に避けたほうがよいでしょう。

## 夏　夏は大の苦手！　暑さで夏バテや熱中症になるうさぎも

ケージ付近の温度が28℃以下になるようにエアコンを設定
エアコンの冷気が直接あたらない場所にケージを置く
夏バテしていないか、食欲に注意を払う
飲み水は1日2回、新鮮な水に取り替える


汗をかいて体温調節をすることができないうさぎにとって、夏は最も苦手な季節。暑さは、夏バテになるだけでなく、熱中症を引き起こします。そのため、夏はエアコンを使って室温を28℃以下に保つ必要があります。その際、エアコンの冷気が直接ケージにあたらないようにしてください。扇風機の風も直接あてってはいけません。また、ケージは風通しのよい場所に置きましょう。外出する場合は、なるべく室温が低い場所にケージを移動させて。ペット用クールボードを使ったり、冷却剤をケージの近くに置いたりするのも効果的。換気扇を回すなどして、空気の循環をよくしておくのも大切です。

また、夏は食事や水が傷みやすいので注意してください。特に水は減りも早いので、1日2回は新鮮な水に交換しましょう。

## 冬　毛皮を着ていても寒がり。特に朝晩の冷え込みは注意!

日あたりのよい場所は寒暖差が大きいのでかえってよくない
室内温度は18℃以下にならないようにキープ
どうぞ。
わーい
暖房を切るときは、ワラを入れた巣箱などをケージに入れるか、ペットヒーターを使用

寒さに強い印象がありますが、ペットのうさぎは、寒さに特別強いわけではありません。冬は、暖房などで部屋の温度が18℃以下にならないように調節しましょう。暖房の風が直接あたらないようにし、乾燥するので飲み水を十分に与えることもお忘れなく。

夜、暖房を切る場合は、ペットヒーターを使う、ワラを入れた巣箱などうさぎが寒さをしのげるものを入れる、などの対応が必要です。うさぎは気温の変化に弱い動物。1日の温度差が激しくならないよう調節してください。昼間日光のあたる場所にケージを置いてはいけません。夜間の冷え込みにより寒暖差が大きくなってしまいます。暖かい空気は上昇するため、床近くは思ったより寒いものです。ケージ内の温度・湿度もちゃんと確認をしましょう。

STEP 5

# 日常のお手入れ

## 見た目がきれいなうさぎは体も健康

家庭でペットとして飼われているうさぎには、飼い主がブラッシングや爪切り、耳掃除などの体のお手入れをしてあげることが必要です。お手入れをするためには、体に触れられることにも慣らしておかなければいけません。うさぎとのスキンシップをはかりながら、抱っこしてお手入れできるようになりましょう。お手入れのためばかりでなく、病院に行ったときのためにも触れられることに慣らしておく必要があります。

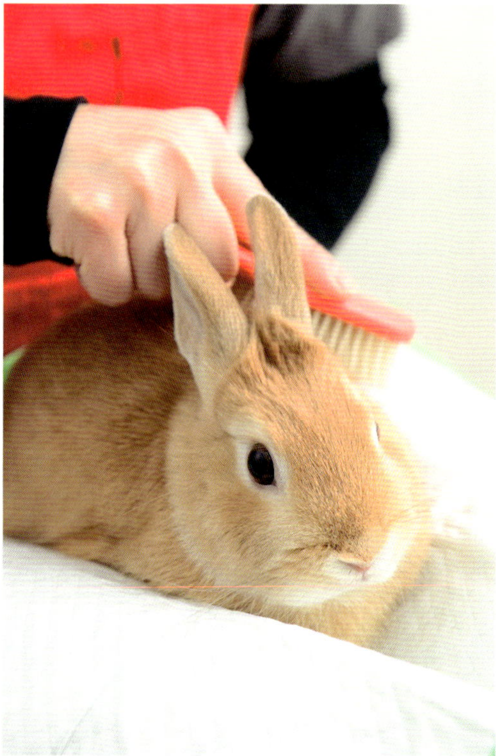

### 基本のお手入れ

**ブラッシング（毎日）**…P81参照
ブラシで抜け毛を取り除く。

**爪切り（1〜2か月に1回程度）**…P86参照
前足と後ろ足の爪切り。

**耳のケア（適宜）**…P88参照
耳の内側をふき、耳あかを取る。

**目のケア（適宜）**…P88参照
目やにを取る。

### CHECK! うさぎにもシャンプーは必要

清潔さを保つために、1週間に1回程度、シャンプーをします。使用するのは、動物用の低刺激のシャンプー。敏感な顔や耳を濡らすのは避け、汚れやすいお尻や足の裏を中心に洗います。水音を怖がるなら、洗い流すときはシャワーを使わず静かにお湯をかけます。乾かすときは、タオルで優しく押さえるようにして水分をふき取り、ドライヤーを遠くからあててしっかり乾燥させます。おなか側に水分が残っていないか注意してください。

ただし、初めてのシャンプーで全身をいきなり洗うのは避けたほうが無難。また、しっかり乾かすことができないと事故のもと。自信がなければ、トリマーなどにお願いするほうが安全でしょう。

お手入れ1

# ブラッシング

## 毛のお手入れは毎日の習慣に

体のお手入れの中でも、毎日やってほしいのがブラッシング。抜け毛をそのままにしておくと、うさぎはなめて飲み込んでしまいます。うさぎは吐き出すということができないので、おなかで毛が固まり毛球症（P132参照）という病気になってしまいます。

うさぎの毛が抜けやすいのは主に春と秋の換毛期ですが、エアコンのきいた室内でペットとして飼われているうさぎは自然のサイクルにしたがって毛が生え替わるとは限りません。こまめにブラッシングをして、抜けた毛はきちんと取り除いてあげることが大切です。

### さまざまな種類のブラッシング用品

必ずしもすべての用品が必要になるわけではありません。それぞれの事情に応じて購入しましょう。

**小動物専用ブラシ**

マッサージ効果もある
獣毛ブラシ

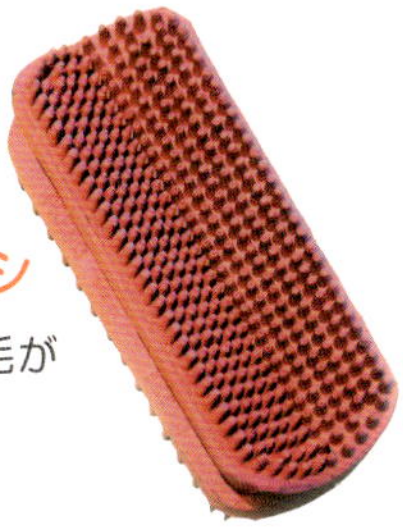

**ラバーブラシ**

換毛期の抜け毛が
よく取れる

**スリッカーブラシ**

毛玉や
毛の絡みをほぐす

**両目グシ**

絡まった毛のもつれをほぐしたり、
毛並みを整えるときに使う

**グルーミングテーブル**

ブラッシングするときうさぎを乗せる。
暴れて飛び降りないよう
しつけられている場合に使用できる

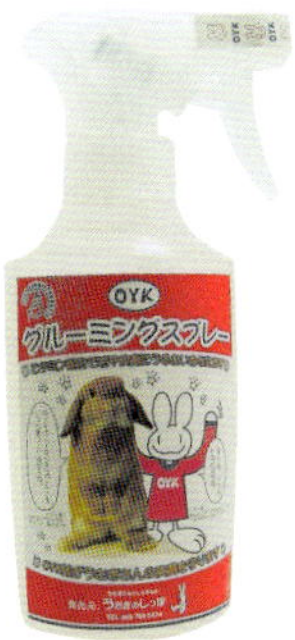


**グルーミングスプレー**

抜け毛が
飛び散るのを防ぐ

#### 長毛種の場合必要なもの

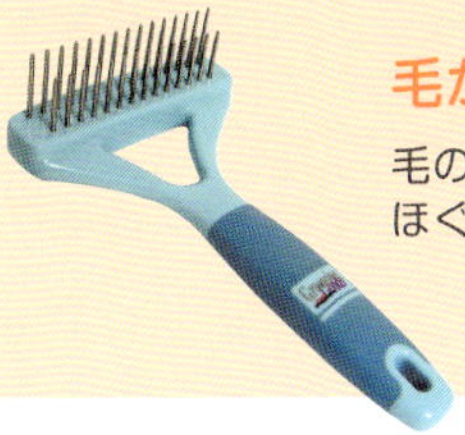

**毛かき**

毛のもつれを
ほぐす

# 短毛種のブラッシング

＊ モデル ＊
ホーランドロップ

短毛種でも毎日の抜け毛はかなりの量になります。
特にホーランドロップやライオン種などは、
短毛種といっても長めの毛を持っています。
換毛期に限らず、短時間でも毎日お手入れし、
抜けた毛を取り除いて清潔にしてあげましょう。

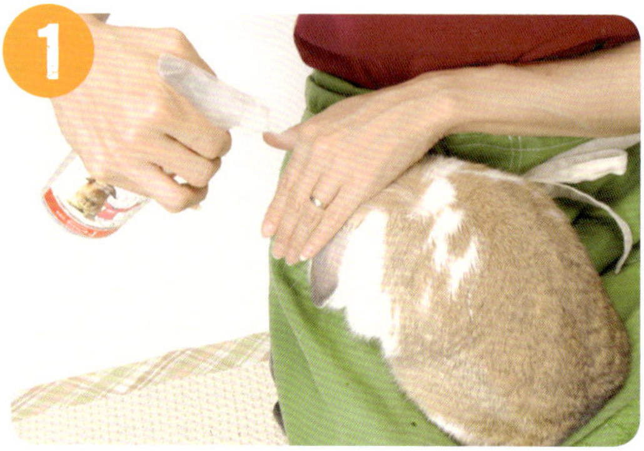

## 1 毛が飛び散らないようスプレーを吹く

ひざの上に抱っこし、毛が飛び散らないように、
また静電気が起きないように、
水やグルーミングスプレーをたっぷり吹きかける。
顔にかかって驚かせないよう、片手で顔を隠す。

## 2 手でもみ込んでなじませる

手でもみながら水分をなじませ、
皮膚によく浸透するようもみ込む。

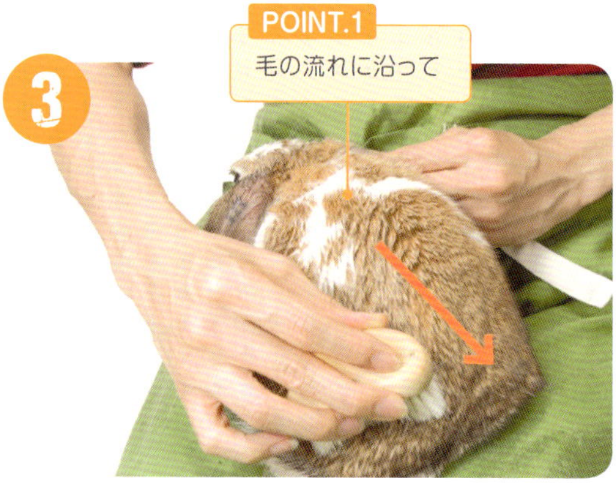
POINT.1
毛の流れに沿って

## 3 獣毛ブラシでブラッシング

毎日のブラッシングには、マッサージ効果もある
獣毛ブラシを使い、毛の流れに沿ってブラッシング。
スプレーの余分な水分を取り除く効果もある。

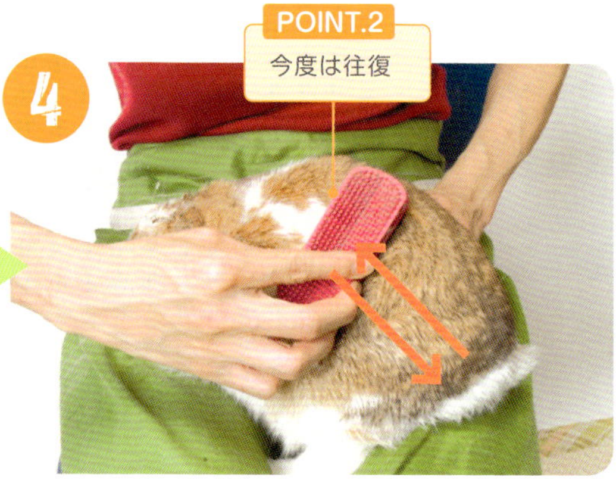
POINT.2
今度は往復

## 4 ラバーブラシで抜け毛を取る

換毛期など抜け毛の多い時期には、
ラバーブラシも有効。
まずは毛の流れに沿って背中からお尻へ。
その後、お尻から背中にゆっくりと。

## CHECK! 超短毛種のお手入れは？

同じ短毛種でも、レッキスやミニレッキスといった毛足がとても短い品種はブラッシングが楽。毛が絡まる心配はほとんどありませんが、換毛期の抜け毛はしっかり取り除いてあげましょう。スプレー後に手でマッサージするようになでつけるだけでも抜け毛が取り除けます。

短毛種のレッキス

5

### 浮いた毛はスリッカーブラシで

ブラシの先が敏感な皮膚に触れないよう、
軽く毛の流れに沿ってブラッシングし、
浮いた毛を取り除く。

6

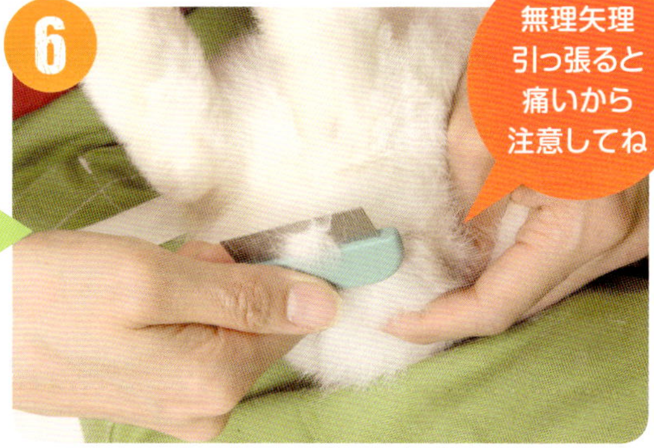
無理矢理
引っ張ると
痛いから
注意してね

### お尻の部分は両目グシで

お尻の部分は特に毛が絡みやすい場所。
あお向け抱っこをして、両目グシで毛玉をほぐす。

7

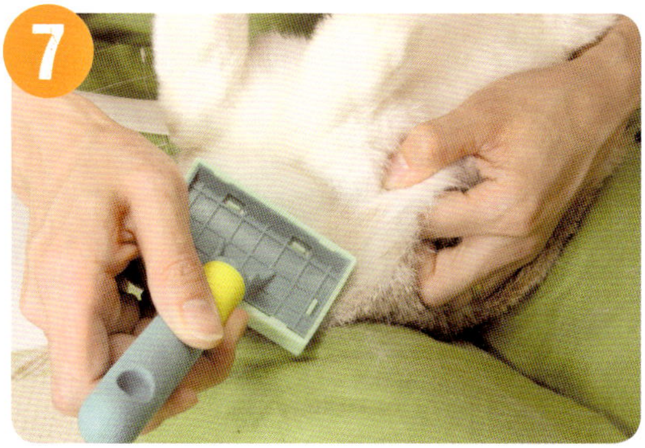

### スリッカーブラシで仕上げ

お尻の部分の抜け毛もスリッカーブラシで取り除く。

## Finish!

きれいに
なった
でしょう?

# 長毛種のブラッシング

＊ モデル ＊
アメリカンファジーロップ

長毛種のブラッシングには、時間と手間がかかりますが、
うさぎの健康のためにも毎日念入りに行いたいものです。

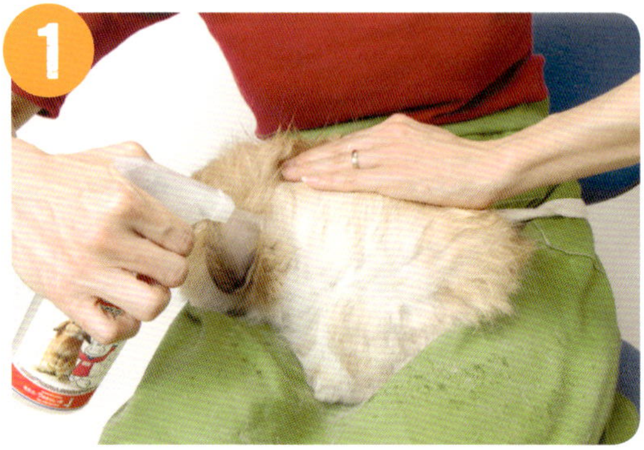
1

## 毛が飛び散らないようスプレーを吹く

水やグルーミングスプレーをかける。
スプレーが皮膚まで浸透するように、
長い毛をかき分けてたっぷりと。

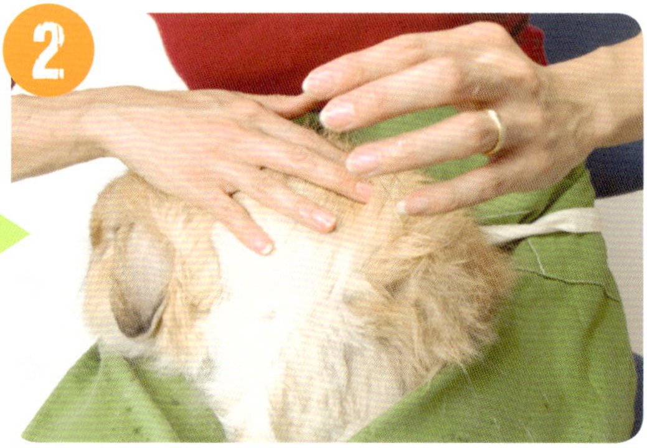
2

## 手でもみ込んでなじませる

手でもみ込みながら水分をなじませる。
この段階でもかなりの抜け毛が取り除ける。

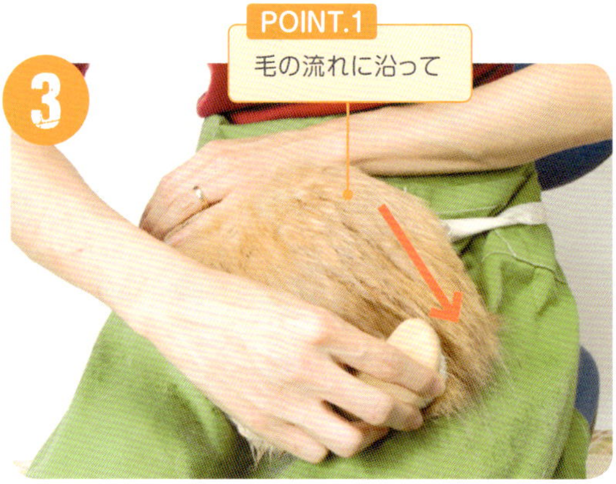
3
POINT.1
毛の流れに沿って

## 獣毛ブラシでブラッシング

水はけ効果のある獣毛ブラシで、
毛の流れに沿ってブラッシング。

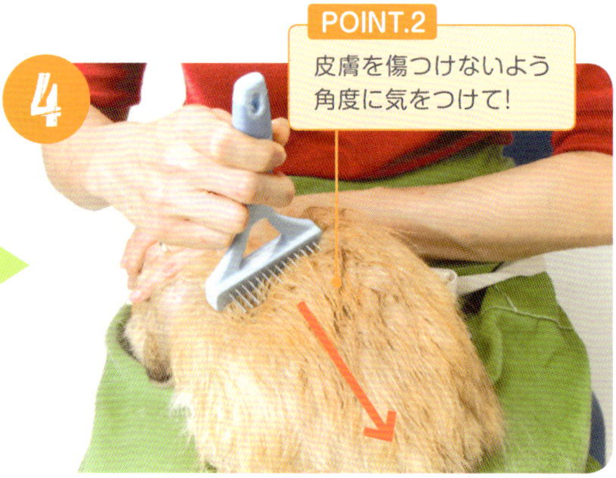
4
POINT.2
皮膚を傷つけないよう
角度に気をつけて!

## 毛かきで毛の奥まですく

表面からはわからなくても、
根元が絡まっていたりもするので、毛かきでとかす。
このとき、毛かきは皮膚を傷つけないような角度で
軽くすべらせる。

## \ CHECK! / プロに頼む毛のお手入れ

うさぎとの大事なコミュニケーションタイムでもある毛のお手入れですが、長毛種のブラッシングは難しく、自分でできない場合は、ペットショップなどプロにお願いするのがよいでしょう。また、ブラッシング以外に、トリミングを行っているところもあります。高温多湿で蒸れやすい夏場などは長い毛をカットしてもらうのもひとつの方法。また、専門店ではグルーミングの講習会を開いているところもあります。何より、放っておくのがいちばんよくないことなので、きちんとケアしてあげましょう。

5

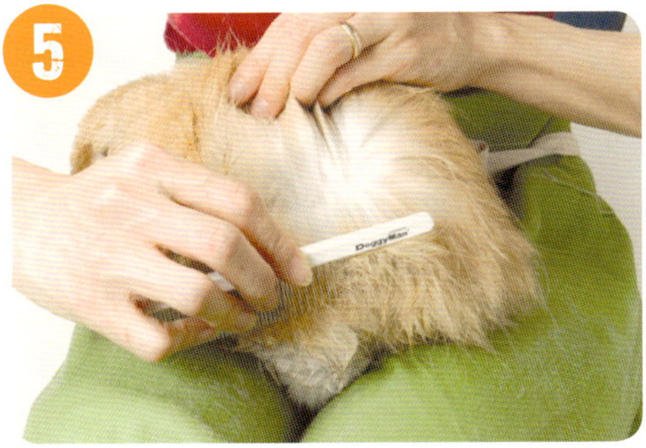

### 両目グシで絡んだ毛をほぐす

絡んでいるところは両目グシでとかす。
奥まで入る太めの目のほうで。
強い力で引っ張らずに、
毛先から少しずつほぐして。

6

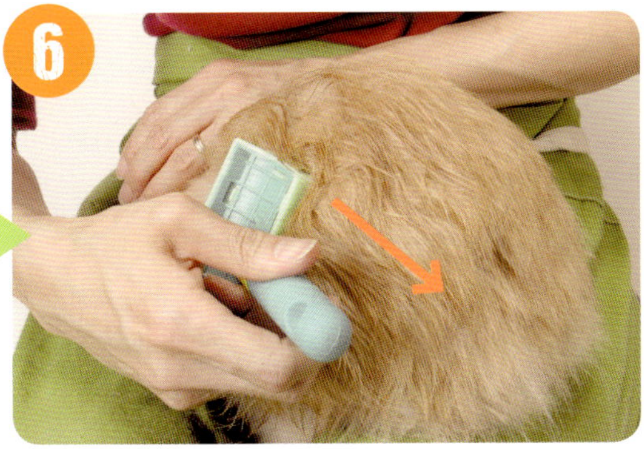

### スリッカーブラシで抜け毛を取る

スリッカーブラシで浮いた毛を取り除く。

7

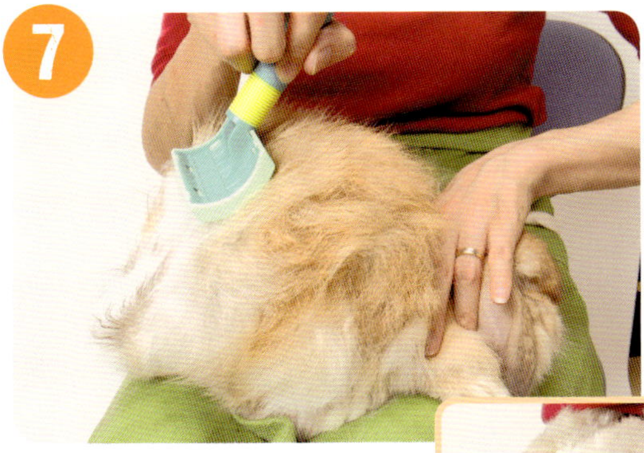

### 毛の流れと逆向きに

お尻の部分は、毛の流れと逆向きに
スリッカーブラシをかける。
できればあお向け抱っこもして
（右写真）抜け毛を取り除く。

難しいと
思ったらプロに
頼んでもOK
Finish!

お手入れ2

# 爪切り

## 1～2か月に1回が目安

爪が伸びすぎると、カーペットなどに引っかけて、生爪をはがしたり、そのことにびっくりして暴れて骨折したりとたいへん危険です。必ず爪は切りましょう。爪切りができるかどうかで、しつけができているかわかるといわれます。最初は1本ずつでもよいので、少しずつ練習していきましょう。

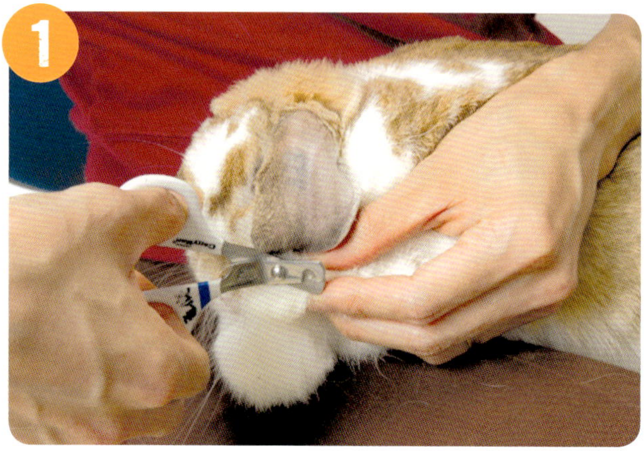

### 前足の爪を切る

ひざの上に抱っこし、軽く抱え込むように保定して爪を切る。
反対側の足の爪を切る場合はうさぎの向きを変えて。

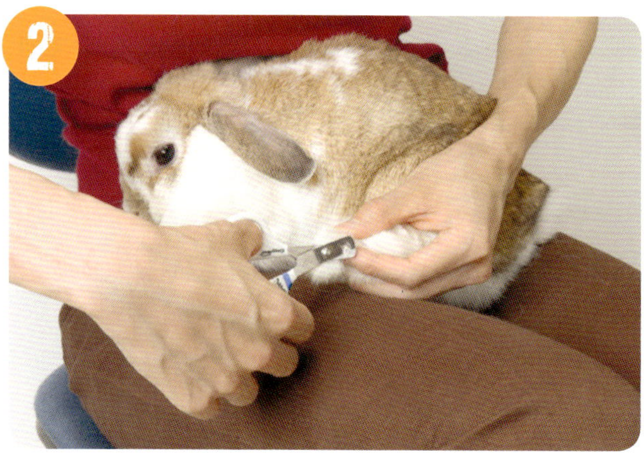

### 後ろ足の爪を切る

後ろ足の場合も前足の場合と同様に、
軽く抱え込むように保定し、足の指をつまんで爪を切る。

### 切るときは指をつまんで広げる

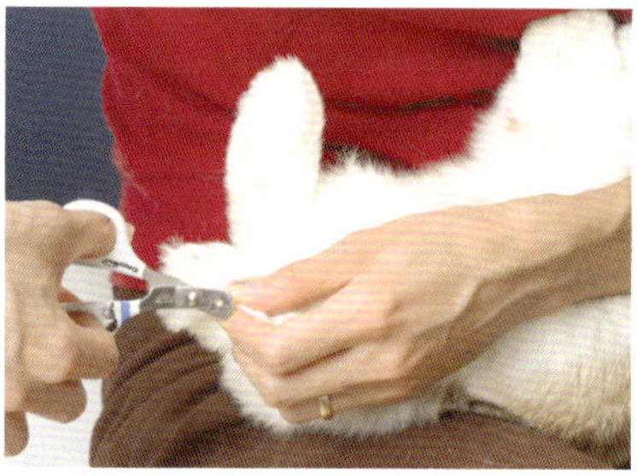

足指をつまんで広げ、爪のまわりの毛をよける。血管が通っている部分（右ページのイラスト参照）を確認し、その少し先を切る。

## CHECK!

# 爪切りに関するQ&A

### Q どこから切ったらいいの？

### A 血管の位置から少し先です。

爪は血管が通っている位置から1mmくらい先を切ります。黒っぽい爪の場合は、後ろから光を当てると血管が透けて見えます。

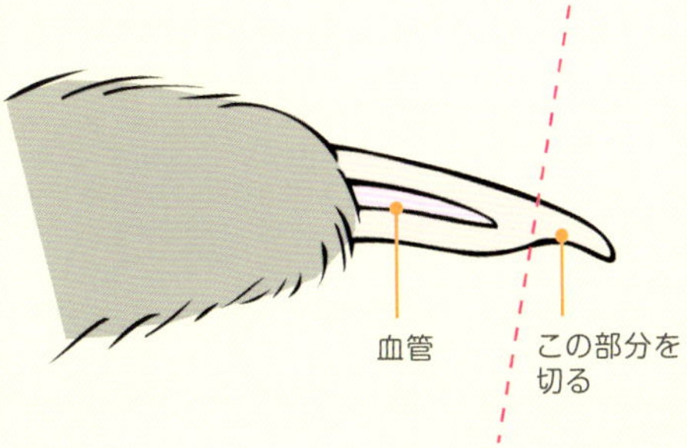


### Q 深爪して、血が出てしまったときはどうしたらいいの？

### A 大騒ぎせず、血が止まるまでじっとさせます。

飼い主が騒ぐとうさぎも怯えてしまいます。止血剤があればそれを塗って血を止めますが、キャリーケースなど狭いところにタオルを敷いて、うさぎをじっとさせておけば、普通10分以内には止まります。しばらくは雑菌が入らないよう、ケージ内を常に清潔に保ちましょう。

止血剤はペットショップなどで入手できる

### Q どうしても自分で切れない場合は？

### A ペットショップなどにお願いしましょう。

慣れていないと難しいうさぎの爪切り。どうしても自分で切れない場合は、ペットショップなどにお願いする方法もあります。費用は1回1,000円前後。ペットショップによっては、そこで購入したうさぎなら無料で爪切りをしてくれることもあります。

お手入れ3

## 耳のケア

### ブラッシング時に耳もチェック

耳を汚れたままにしておくと病気になることもあります。耳あかがたまっていないか、ブラッシングの際にチェックし、汚れていたらケアしましょう。特に、垂れ耳タイプのうさぎは耳が蒸れて耳あかがたまりやすいので、こまめにケアしてあげることが大切です。

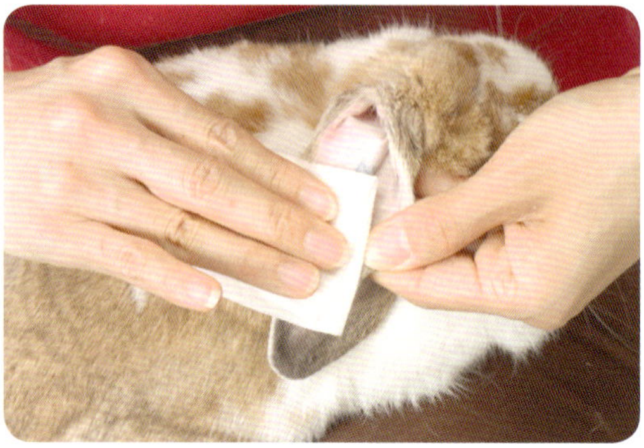

#### 耳の内側をふく

グルーミングスプレーをしみ込ませた清潔な布などで、
優しくふく。たいていの場合はこれだけでOK。

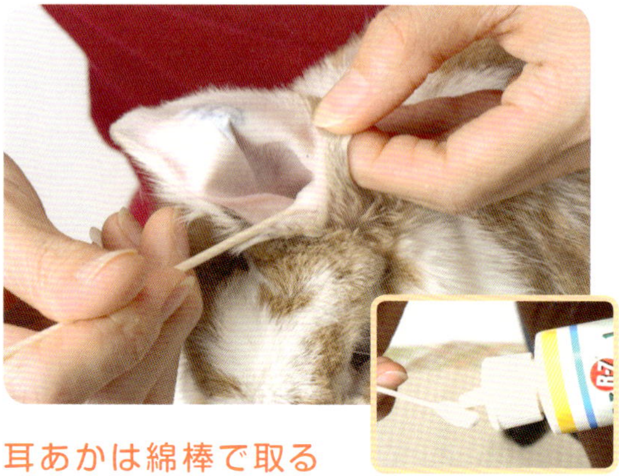

#### 耳あかは綿棒で取る

耳あかがたまっている場合はノンアルコールの
ペット用イヤークリーナーなどで湿らせた綿棒で優しく取る。
耳あかが非常に多い、耳の中がただれている、
嫌なにおいがする、などは病気の恐れがあるので病院へ。

お手入れ4

## 目のケア

### 目やにが取れないときのみ

ときどき目やにが出ていることも。毛づくろいをするときに自分で取ってしまうことが多いのですが、取れない場合は飼い主が優しく取り除いてあげましょう。

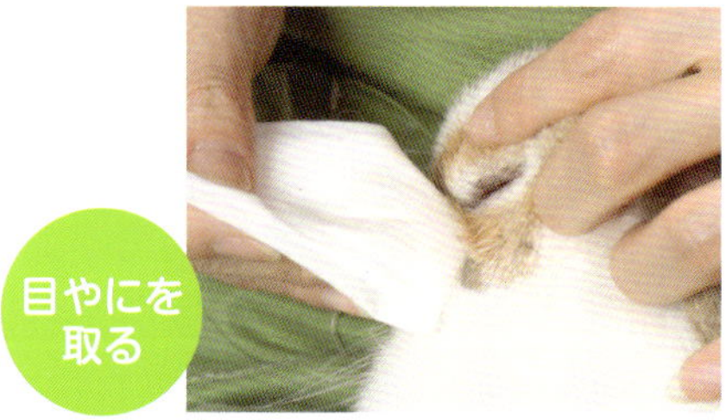


コットンやウェットティッシュで優しく取り除く。
目やにが多い場合は病気の可能性もあるので、
病院へ連れていくこと。

CHECK!

#### うさぎをおとなしくさせるには

抱っこのしつけができていないうさぎは暴れて逃げようとします。しかし、体のお手入れをするときには、じっとしていてもらわなくてはなりません。そんなときは、目隠しをするとおとなしくなります。うさぎは狭いところに頭を突っこむのが好きなので、それを利用するのです。

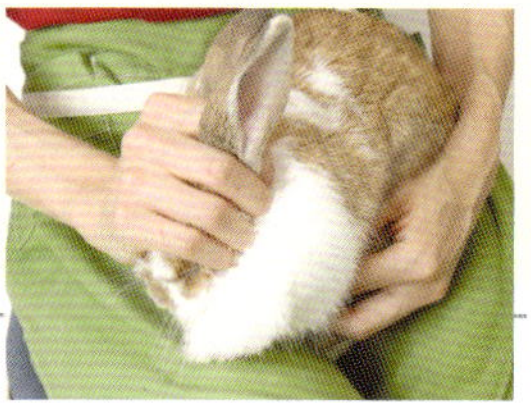

手でそっと目隠しをして
あげるとおとなしくなる

## CHECK!

# シニアうさぎのお世話のポイント

生後7年を超えると、うさぎは高齢期。人間と同じように、年をとると体の自由がきかなくなってしまいます。足腰が悪くなる、運動量が減って動きが鈍くなるといった原因から、若いころはできたことができなくなることも多いため、行き届いたケアが必要です。

また、免疫力も低下するので、あらゆる病気にかかりやすくなります。病院で病気だと診断されたときは、症状に応じたケア方法についてもアドバイスを受けるようにしましょう。

### 1 耳掃除やブラッシングはこまめに

年をとると足腰が弱くなり、自分で耳をかくことができなくなります。こまめに様子を見て、耳掃除をしてあげましょう。また毛づくろいもあまりしなくなるため、毛並みがボサボサになってしまうことも。ブラッシングは念入りにしてあげてください。シニアになると自分の体をお手入れすることが難しくなるため、様子を見てサポートしてあげることが必要です。

### 2 環境の急激な変化に注意

うさぎはもともと温度変化に弱い生き物ですが、年をとるといっそう環境の変化への対応が難しくなります。室内の温度をきちんと管理し、体調を崩すことがないよう注意してください。また、ケージ内のレイアウト変更も、うさぎにストレスを与えるので控えること。慣れ親しんだ環境の中で、穏やかに過ごせるよう配慮してあげましょう。

### 3 病気に応じたケア方法を

高齢になると免疫力が低下し、さまざまな病気にかかりやすくなります。足腰が弱くなってトイレで排泄できない、歯が悪くなって軟便になるなどの場合はお尻をふいてあげなければなりませんし、腎臓が悪くなりやすいので、水を切らさないよう注意することも大切です。定期的に病院で健康診断をしながら、症状に応じたケア方法をアドバイスしてもらいましょう。

# 幸せウサ漫画 3
## うさぎとの暮らし編

### ① 店長の策略

ホームセンター
長男のバイト先で
売れ残っちゃったんだよねー。
それは、片耳のないうさぎだった。
俺が飼わなければ、誰が飼う?
じゃあ!家で飼いますっ!
おっ!そうか!!
でも
うさぎは寂しいと死んじゃうんだよねー~フッ。
店長のつぶやき…
えぇっ!?死ぬっ?
もう一匹飼います!!
いやだー!!
ヨロシクネ♡
そして仲間も連れて帰った。
しかし、こちらはお金を払いました……。


体に障がいを持つうさぎは思いのほか多いもの。あるがままを認めて育ててあげましょう。

### ② うさぎはクール?

すでに、犬と猫がいたわが家。
とりあえず犬猫が入らない部屋に…
となりの部屋
そのせいか、家族になつかない…。
うさぎ同士楽しそう♡
おいで!
おいで!
こっち向いてよっ…。
犬や猫とちがって、鳴かないうさぎ…
ワン!
ニャー
何を考えているのか、さっぱりわかりません…。


うさぎは鳴かないので表情に乏しいと思われがちですが、学習能力も高くいろいろなことを考えています。

## ③存在感をアピール

一緒に飼ってる猫は、近所のボス的存在!!
なに?!
どどどど~っ?!
大きくなったうさぎは、猫に向かって走り寄る。
ガ!
zz…
むっ!?
うりゃ!
猫パ~ンチ!
ピョ~ン!!!
しかし、飛びあがったうさぎに逆に驚く猫…。
わっ!!
あいつらは、大目に見るか…
キャッ!
キャッ!

犬や猫に襲われた経験のないうさぎは、彼らが肉食獣だと知りません。我慢している猫もかわいそう。

## ④いたずらが仕事?

相棒の片耳が亡くなった…
ようやく人間にも慣れてきた。
あら♡
しかし。。。部屋で自由にさせると…
いたずらばかり…
バリッ!!
カジ
カジカジ
なんと、古書店では相当な高値がつく貴重品…
父が大事にしていた古雑誌まで…
ガビーン
カジ
カジ
カジ
カジ
カジ
カジ
網戸が…
しょうがないやつだなぁ…。

かじるのはいたずらではなく、本能的行動を遊びに転じているのです。本能に根ざす行動なので、叱っても直りません。かじられないように予防しましょう。

うさ COLUMN 03

## 長生きになったうさぎたちと

# ずっと仲よく暮らすために

かつて、うさぎの平均寿命は5年以下でしたが、最近は7～8年に延びており、10年以上生きるうさぎも少なくありません。これはうさぎの飼育に関する正確な情報が流通するようになったことや、獣医療が進歩したことが要因といわれています。

シニアになると、うさぎも足腰が弱くなります。ただ、若いころにしっかり運動していたうさぎは、年をとってからも健康に動き回ることができるので、若いうちから十分な運動をさせるようにしましょう。また、シニアになるとかかりやすい病気も増えてきます。病院で定期的な検診をし、サインを見落とさないようにして、病気を早く発見することが大切です。

大好きなうさぎと長い間一緒にいられることは、飼い主にとって喜ばしいこと。いつまでも健康に暮らせるのが理想ですが、介護が必要な状態になり、時には“寝たきり”になってしまうこともあります。そうなったときも、病院で診療とアドバイスを受けながら、思いやりをもって接してあげてくださいね。

Part.
4

もっと仲よくなりたい！

# うさぎとコミュニケーション

うさぎの気持ちを理解することができてこそ、
よきパートナーとなれるものです。
お世話の基本だけでなく、
心の通わせ方を学びましょう。

STEP 1

# うさぎのしぐさのヒミツ

## しぐさでわかる! うさぎの気持ち

うさぎは鳴き声でコミュニケーションしない動物です。そのため犬や猫に比べおとなしいイメージがありますが、よく見ていると、おもしろいしぐさや不思議な行動をとっていることがあります。では、そのときの気持ちとはどのようなものなのでしょう。

うさぎは、自分のにおいをこすりつけて縄張りを主張したり、穴を掘ったりという、野生の習性による行動から、飼い主のそばではしゃいでジャンプしたりするなどの人間とのコミュニケーションのために学習した行動まで、体全体を思いきり使って表現しています。飼い主として、それらのボディーランゲージをちゃんと読みとって、何を求めているかを理解してあげましょう。しぐさが何を意味しているのかがわかれば、うさぎの気持ちを知ったり、上手にしつけることができたりと、楽しい共同生活に役立つでしょう。

# 気持ち別にしぐさをチェック！

のんびりしていたり、怒っているように見えたり…。どんなしぐさをしているかで、気持ちがわかります。同じしぐさでも、違う意味を持つ場合があるので、注意して観察しましょう。

## リラックス

### 毛づくろい

毛に覆われた前足をなめ、顔を洗うようにしたり、長い髪を洗うように耳を挟んでしごく独特の毛づくろいのしぐさ。体を清潔にすることのほかに、毛をフワッとさせて体温を保つ意味があります。

### 奥歯を鳴らす

なでられて気持ちがよいときに、うっとりしながら軽く奥歯をカチカチ鳴らすのはご機嫌なサイン。ただし、歯ぎしりは激しい痛みの表現です。

### 床にゴロン

足を伸ばし、おなかを床につけてゴロンと寝そべります。ほかにも、大きく伸びをしたり、あくびをしたり。突然横にひっくり返って眠ってしまうこともあります。また、暑いときにもこんな姿勢をとります。

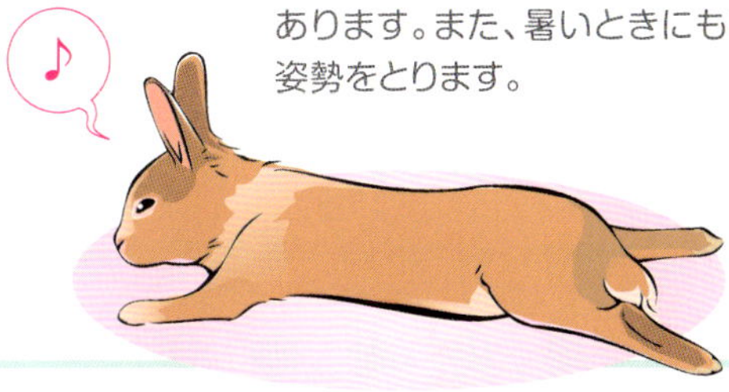

## 不満があるとき

### 後ろ足でダンダン！

野生のうさぎは仲間に危険を知らせるとき、後ろ足で地面をダンダンと強くたたく「スタンピング」と呼ばれる行動をとります。これをペットのうさぎは、不満があるという意思表示として行う場合があります。また、相手を威嚇する場合や興奮しているときにも見られます。

### ものをひっくり返す

食器やトイレを、口でくわえてガタガタ揺すったり、ひっくり返したりするのは、退屈したときのいたずらです。食べ物が欲しいのかと思って入れてあげると、食べ物をねだるたびにやるようになり、結局不満を表す行為となってしまいます。

## ごきげん

### 鼻ヒクヒク

うさぎは常に鼻をヒクヒクさせています。特にうれしいときや怒っているときなど、興奮しているときは回数が多くなります。よくなついたうさぎは、飼い主に名前を呼ばれると鼻をヒクヒクさせて返事をします。

### プウプウと鼻を鳴らす

甘えたいときはプウプウと鼻を鳴らしてアピール。鼻を鳴らしながら飼い主の足元をグルグル回るのは、遊んでほしいサインです。ただし、ブーブーという音は怒りの表現。強い恐怖や苦痛を感じると「キーッ」という鳴き声をたてます。

### ジャンプ

その場で思いっきりジャンプするときはごきげんな証拠。左右にジャンプしたり、体をねじったりすることもあります。

## 警戒中

### 耳をそばだてる

気になる音がすると耳がピンと立ち、音のする方向に向けられます。

### 後ろ足で立つ

後ろ足で立ち上がって1か所をじっと見つめている場合は、何かを警戒しているとき。また、よくなついたうさぎは、立ち上がって抱っこや食べ物を催促することもあります。

## おねだり

### 鼻でツンツン

かまってほしいという意思表示。甘えているときは人間の手をペロペロなめたりもします。

## 本能がさわぐ

ガリ
ガリ

### 穴掘り

ペットうさぎの祖先であるアナウサギは、地下に巣穴を作って生活していたため、穴掘りがしやすい体つきになっています。野生の習性ですから、一度も外に出たことのないうさぎでも、畳やじゅうたんを掘るしぐさを見せます。また、掘ったあとに前足を揃えて土をならすしぐさをすることも。

### かじる

野生のうさぎは木の皮などをかじる習性があり、家の中でも柱などをかじりたがります。かたい木の根などもかじれるほど力が強いので、部屋の中に放すときは注意が必要です。

ゴシ
ゴシ

### あごをすりすり

うさぎのあごの下には、臭腺というにおいの液を出す器官があり、それを身のまわりの物にこすりつけて縄張りを主張します。ときには、ほかのうさぎや飼い主にもします。

ぼくの
気持ち
わかって
くれた?

STEP 2

# しつけをマスター

## 家に来て1週間たったらしつけを

うさぎと一緒に暮らすうえで、しつけは重要なポイント。抱っこなどの基本的なしつけができていないと、体のお手入れもできません。しつけがきちんとできるかどうかで、お互いの信頼関係にはもちろん、うさぎの健康にも大きな違いが出てきます。

うさぎは賢い動物なので、根気よくしつければ、よいことも悪いこともちゃんとわかってくれます。うさぎと仲よく暮らすためにも、子どものころからさまざまなことに慣らしておきましょう。ただし、うさぎを迎えて最初の1週間は新しい環境に慣れさせる期間。その後、うさぎが安心してからしつけを始めましょう。

## なでてほしい場所・強くつかまれたくない場所を知っておこう!

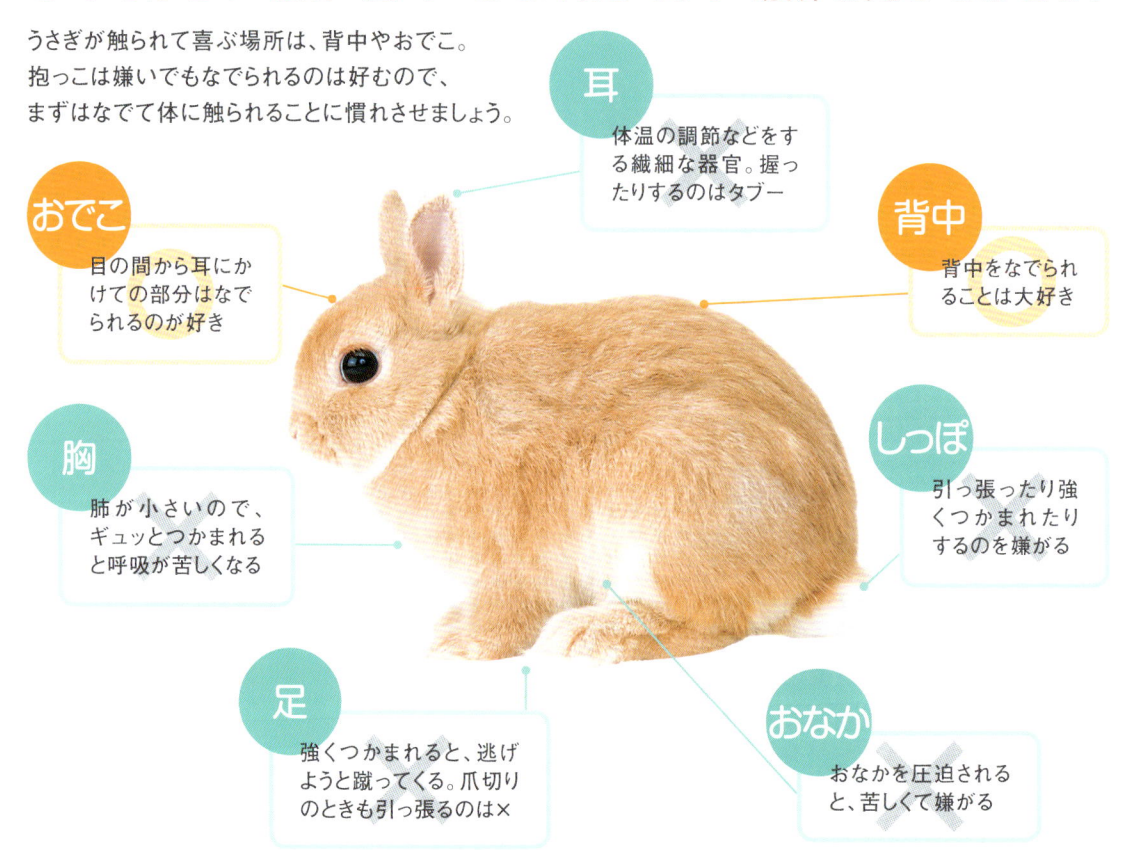

うさぎが触られて喜ぶ場所は、背中やおでこ。
抱っこは嫌いでもなでられるのは好むので、
まずはなでて体に触られることに慣れさせましょう。

**耳**
体温の調節などをする繊細な器官。握ったりするのはタブー

**おでこ**
目の間から耳にかけての部分はなでられるのが好き

**背中**
背中をなでられることは大好き

**胸**
肺が小さいので、ギュッとつかまれると呼吸が苦しくなる

**しっぽ**
引っ張ったり強くつかまれたりするのを嫌がる

**足**
強くつかまれると、逃げようと蹴ってくる。爪切りのときも引っ張るのは×

**おなか**
おなかを圧迫されると、苦しくて嫌がる

# しつけの基本

## 1 しつけは縄張りの外で

自分の縄張りの外だとおとなしくなるうさぎ。しつけも縄張りの外で行えば楽にできます。

## 2 言葉とおやつでご褒美を

しつけがうまくいったときや、おとなしく抱っこされたあとでケージに戻すときは、ご褒美をあげたり、なでたりしてほめましょう。よいこと=うれしいこと、と覚えさせるのがコツです。優しくコミュニケーションをとりながら、ゆっくりしつけを進めましょう。

**◎ ご褒美をあげる**

好物を用意し、しつけの途中やあとに手から食べさせて

**◎ なでてあげる**

うさぎが喜ぶ場所をなでながら声をかけてほめる

**これはダメ!**

ご褒美はあくまでもひとつだけ。ほしそうな顔に負けておかわりをあげるのは禁物!

## 3 悪いことをしたらきちんと叱る

悪いことをしたら、その場できちんと叱り、いけないことだと教えること。言葉で叱るよりも、手や足で床をたたいて音を立てるほうが効果的です。それでも効果が薄いときは、鼻先にエアスプレーを。ただし、本能に関連した行動（スプレーなど）は叱っても直りません。

**◎ 音を出して叱る**

床をたたいて、うさぎが床を踏み鳴らすときのような音を立てると、怒っていることが伝わる

**◎ 顔にエアスプレー**

どうしてもおとなしくならないときは、空の霧吹きなどで鼻先にエアスプレーを

**これはダメ!**

体を直接たたくのは厳禁! 怖がらせるだけです。

# 抱っこをマスター

## 抱っこはしつけの第一歩 ぜひマスターして

うさぎは、基本的には抱っこが好きではありません。しかし、抱き上げることができないと、ブラッシングや健康チェックといった必要なことができませんし、いざというときに危険から救い出すこともできません。うさぎを守ってあげるためにも、抱っこができるようにしつけましょう。

ただし、うさぎの骨は軽くて折れやすくできているので、抱っこの仕方にもいくつかポイントがあります。正しい抱っこのしかたを覚えて、小さなころから慣らすことが大事です。抱っこが好きなうさぎに育てれば、信頼関係も深まり、うさぎとの暮らしが充実することは間違いありません。

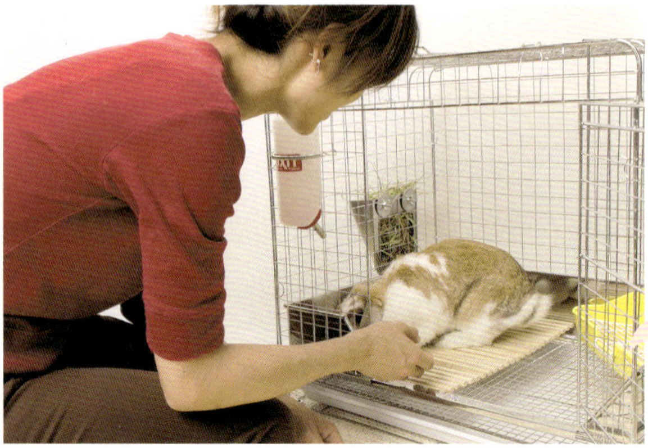

うさぎが急に飛び降りても安全なように、最初のうちは床に正座して練習しよう

## CHECK! 抱っこするときの注意点

抱っこするときは腰やお尻を支えるのが基本です。デリケートなおなか側を持ち上げるのはやめましょう。また、抱き方が不安定だと脊髄を痛めたり、逃げようとして床に落ちてケガをしたりすることもあります。うさぎが少し暴れても慌てないでしっかり支えてあげましょう。

### ! 胸は決して圧迫しない

肺が圧迫されると、
うさぎはとても慌ててしまう

### ! 暴れたときは体を丸く

背中を反らした拍子に
背骨を痛めることも。
暴れたときは体を丸める

### ! 耳やしっぽはつかまない

つかむ必要があるときは
首すじの皮膚をつかむ

その1
# ひざ上抱っこ

まずはうさぎをケージから出して、ひざの上に乗せるまで。
ブラッシングや爪切りをするための基本の抱っこです。

POINT.1
持ち上げるのはお尻。胸部・腹部は押さないで。

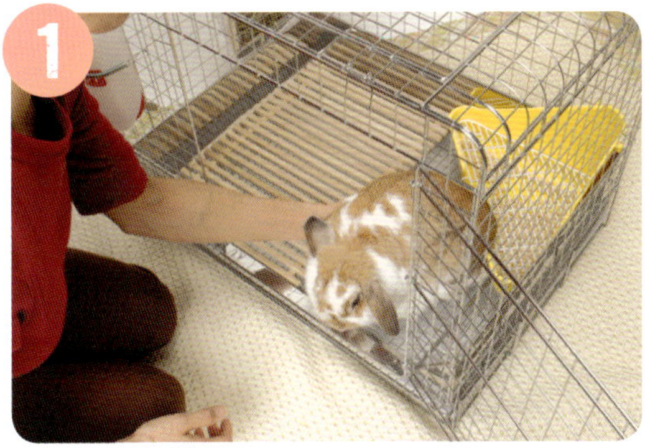

## うさぎを優しくつかまえる

うさぎの体の下に静かに手を入れる。

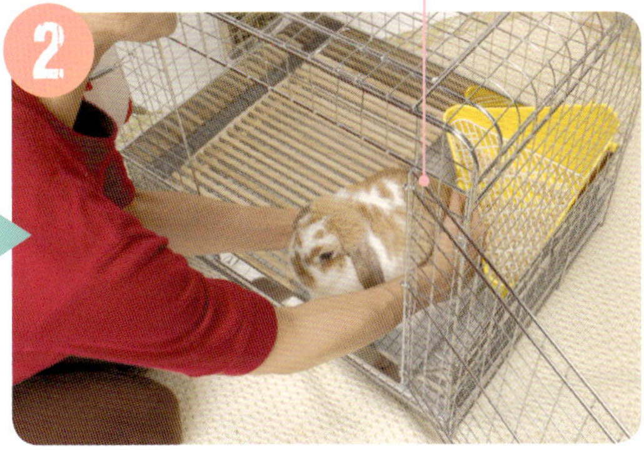

## もう一方の手をお尻に

もう一方の手をうさぎのお尻にあて、
しっかりとうさぎの体を支える。

POINT.2
下ろすときも飼い主主導で。うさぎが勝手に飛び降りるのはダメ。

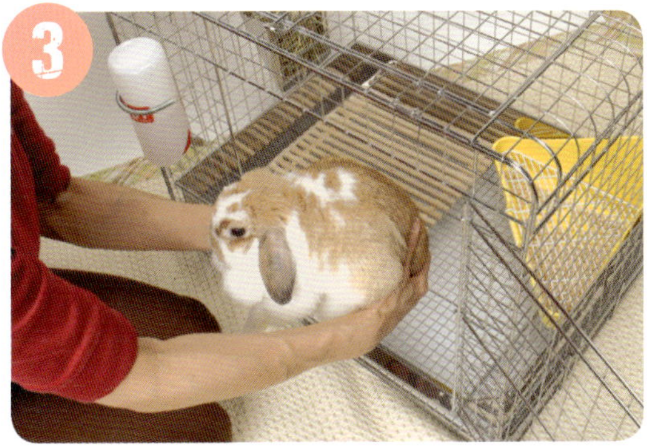

## すくい上げるように持ち上げる

デリケートな胸やおなかを圧迫しないよう、
お尻をすくい上げて持ち上げる。

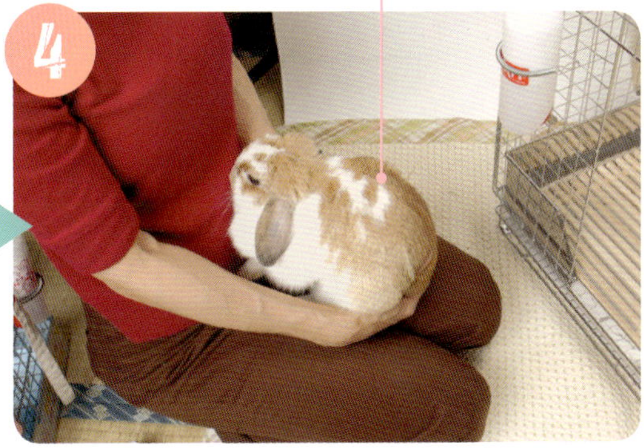

## そのままひざの上へ移動

うさぎを正座したひざの上へ移動させる。
優しくなでてあげたあと最初は5秒くらいで
床に下ろし、徐々に慣らしていく。

Part.4 コミュニケーション

## その2 あお向け抱っこ

この抱き方をマスターすれば、健康チェック、グルーミングがぐんと楽に。まずはうさぎを胸に抱き上げ、その後あお向けにします。

### 1 片手を体の下に入れ、もう片方でお尻を支える

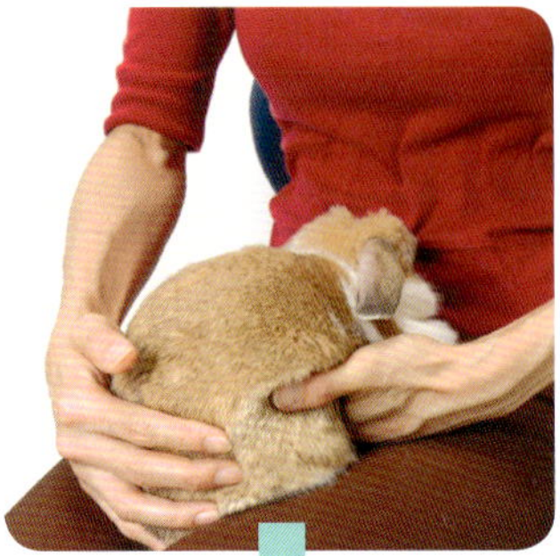

ひざ上抱っこをした状態から、片手をうさぎの体の下に入れ、もう片方でお尻を支える。

### 2 お尻をすくって持ち上げる

お尻をすくい上げるようにうさぎを持ち上げる。胸の下の手は添える程度で、力は入れない。

### 3 胸の位置に抱き上げる

胸の位置までうさぎを抱き上げたら、体の下に添えていた手を持ち替える。最初はここまでできれば十分。

### 4 ゆっくりあお向けに倒していく

**POINT**

うさぎがあお向けにされるのを怖がって足を突っ張るようなら、自分の体ごと倒してあお向けに。

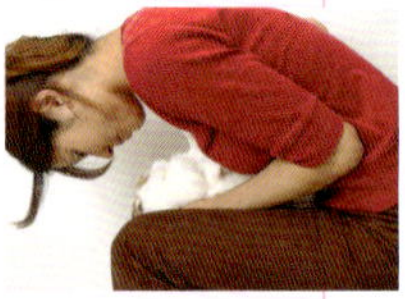

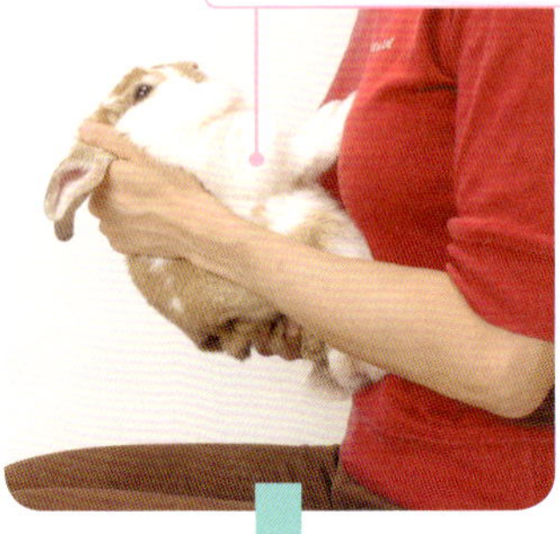

ここまでの動作にうさぎが慣れたら、次はあお向けに。首の後ろをしっかり支え、ゆっくり倒す。

### 5 ひざの上に下ろす

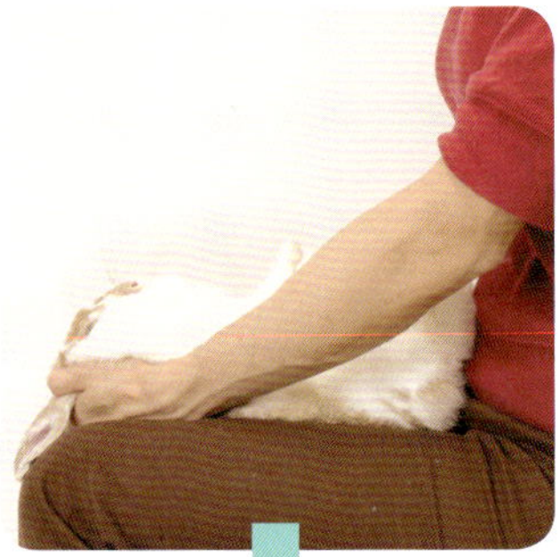

あごが完全に上を向いてしまえば、うさぎはおとなしくなる。ひざの上にあお向けになるように、ゆっくりうさぎの体を倒す。

### 6 ひざの上に乗せた態勢で健康チェックを

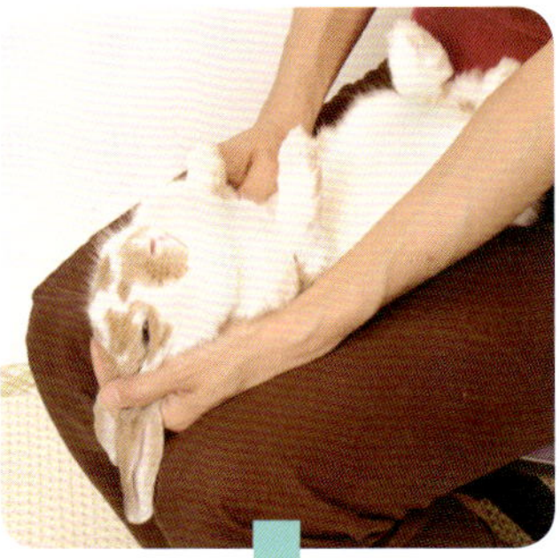

この状態でおなか、あご、歯などの健康チェックを行う。

## 7 あお向けにしたまま向きを変える

向きを逆にするときは、首の後ろと背中を支えて、あお向けのまま抱き上げる。耳は支える程度で、ギュッとつかまないこと。

## 8 体を支えてゆっくり移動させる

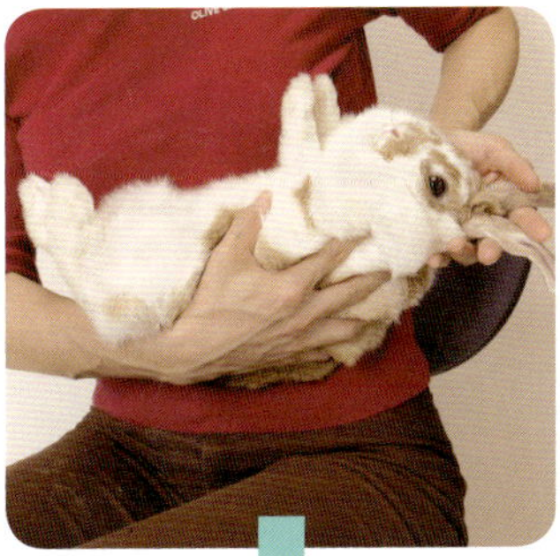

うさぎの体をしっかり支えて向きを変えていく。頭に添えていた手を離して持ち替える準備を。

## 9

### ひじで頭を軽く挟み、手を持ち替える

うさぎの体重を支える手を持ち替える。ひじでうさぎを目隠しするようにすると怖がらない。

## 10

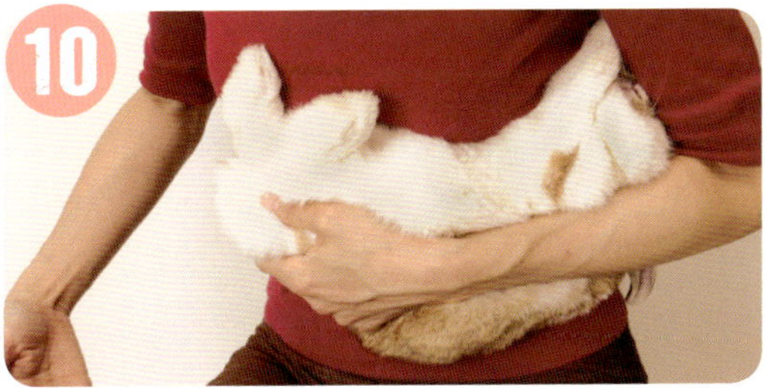

### 片腕と脇で挟み込むようにし、利き手を離す

これであお向け抱っこの完成。うさぎをひざに下ろして、ブラッシングや爪切りをする。

## CHECK! 抱っこの途中でうさぎが暴れたら…

### 1 首すじの皮膚をつかむ

首すじの皮膚をたっぷりつかむ。痛そうだからと少しだけつまむのは逆効果。思い切って手のひらいっぱいつかむこと。

### 2 お尻に手を添えすばやく体を丸める

首すじの皮膚をつかんだまま、もう片方の手でお尻をすくい上げ、うさぎの体を丸める。

**抱っこしたうさぎが落ち着かないときは？**

狭いところに頭をつっこむ習性を利用し、目を隠すように、ひじで頭を覆って落ち着かせる。

# トイレのしつけ

## 野生のうさぎは決まった場所で排泄する だからトイレのしつけは意外とカンタン!

野生のアナウサギは一定の場所をトイレにしています。決まった場所で排泄するという習性は、ペットとして飼われているうさぎも変わりません。したがってトイレのしつけは比較的楽だといえます。しかし、最初にトイレを置く場所を間違えるとなかなか覚えてくれません。排泄は安心できる場所でしたいのが当たり前。うさぎのこだわりを尊重しながらしつけましょう。

また、トイレを覚える早さには個体差があります。なかなか覚えてくれなくても、そのうち決まった場所で排泄するようになるので、あせらず根気よく教えていきましょう。

## らくらくトイレしつけ術

### 1 トイレにおしっこのにおいをつける

おしっこのついたトイレ砂などをトイレに置く。同じ場所で排泄する習性を利用。

### 2 そぶりを見せたらすぐトイレに

しっぽを持ち上げ、おしっこやフンをしそうなそぶりを見せたら、こまめにトイレに連れていく。

### 3 上手にトイレができたらほめる

トイレで排泄できたらとにかくほめる。偶然にできたことでも、ほめることで徐々に覚えていく。

### 4 おもらしはすぐふき取る

別の場所で排泄したら、おしっこのにおいが残らないよう完全にふき取る。

# トイレのしつけ Q&A

## Q トイレはどこに置いたらよいですか?

**A** まずはケージの隅に置いてみましょう。動物は安全な場所で排泄したがるものです。壁際に置いてあげるとうさぎも落ち着きます。また、いつも同じところで排泄するようであれば、そこにトイレを置くようにします。うさぎのこだわりに合わせてあげましょう。

## Q お部屋で遊んでいるときもケージに戻って排泄するようにしつけたいのですが。

**A** それにはまず、ケージが安全な場所だと覚えさせておかなければなりません。トイレのためにケージに戻ったとたん扉を閉められては、「トイレに行くと閉じこめられる」と覚えてしまいます。ケージの扉は開けたままにしておき、ケージに戻るときに食事やおやつをあげましょう。ケージが好きになれば、自分からトイレのために戻るようになります。

### トイレの置き場所選び

**部屋やケージの隅に置く**
安全な場所でないと排泄はできません。
壁際が落ち着く場所です。

**いつもおしっこをする場所に置く**
そこがきっとお気に入りの場所。
それでもダメならトイレ容器に
問題があるのかも。

**寝場所と離れた場所に置く**
野生のうさぎは寝場所から
離れたところで排泄します。
できるだけ離して置きましょう。

## Q おしっこを部屋中にまき散らして困っています。

**A** オスのうさぎがおしっこをかけて回るのは「スプレー」といい、自分のにおいを付けて縄張りを示す、本能にもとづく行動です。メスにもスプレーをする個体がいます。避妊・去勢手術を受けさせるとしなくなることが多いのですが、しつけてやめさせることはできません。叱らないであげてください。

## Q トイレのしつけをしているうちになつかなくなってしまいました…。

**A** トイレ以外のところで排泄したときに叱っていませんか?　なぜ叱られたのか、うさぎには理由がわかりません。飼い主のことを怖がるだけです。こまめにトイレに連れていき、うまくできたらほめてあげるなどして、自然に覚えさせるようにしましょう。

STEP 3

# 一緒に遊ぶ

## 1日に1度はケージから出して

ケージの中で生活しているうさぎは運動不足になりがちです。1日に1度はケージの外に出して遊ばせ、運動不足を解消しましょう。ただし、好奇心の強いうさぎは部屋の探検も大好き。危ない場所にも平気で行ったり、いろいろなものをかじったりします。うさぎを自由にする前に部屋の中をよく点検し、危険なものはしまうなどしておきます。うさぎの本能をくすぐる遊びを考えて、コミュニケーションをとりながら楽しく遊びましょう。

また、トイレ掃除や食事の交換もうさぎがケージから出ている間に行います。目を離している間にうさぎがケガをしないよう、サークルなどに入れておくとよいでしょう。

CHECK!

### 遊ぶときの注意点

#### ケージをかじっても外に出さない

うさぎがケージをかじっても、外に出してはいけません。「ケージをかじれば外に出られる」と、間違った学習をしてしまいます。かじることと外に出られることを関連づけなければ、激しいかじり方で前歯を痛めることもありません。

#### 指や体をかまれるようになったら

人をかむようなことはめったにありませんが、かみ癖がついてしまったら困りもの。飼い主のほうが上位だと教えなければなりません。うさぎがうっかり人をかんでしまったら、かまれたことに非常に腹を立てていることを、床を思い切りたたくなどしてわからせます。

# 何して遊ぶ? うさぎとの遊び方

## 1 名前を覚えさせる

名前を呼んでケージから出す、おやつを与えるなど、名前とよいことを結びつけて覚えさせましょう。

## 2 もぐって遊ぶ

うさぎは狭いところが大好き。ダンボールを使ったトンネル遊びや迷路はうさぎの本能をくすぐります。長いものでなくても、もぐったり顔を出したりするだけで十分楽しめます。

組み合わせて
使える
キューブハウス

## 3 鼻サッカーで遊ぶ

鼻でツンツンしたり、切歯でくわえて投げたり、転がるボールを追いかけて遊ぶことも。干し草を入れられるタイプのボールなら、さらに夢中に!?

中に干し草を
詰められる
竹ボール

中に鈴の入った
ベルボール

## 4 リードをつけて公園デビュー

公園などで遊ばせる場合には細心の注意を。犬や猫などが近くにいないことを確かめ、何かの拍子に逃げ出さないようにサークルの中に入れるか、リードをつけ、目を離さないようにしましょう。

番外編

# うさぎとの暮らしQ&A

できるけど
さみしいなぁ…

## Q 急きょ、1泊2日の出張が決定。1人で留守番させて大丈夫？

## A 食事を替えられないのは実質1日だけ。しっかり準備をすれば大丈夫。

うさぎを残して家を空ける場合は、誰かに世話を頼むのが基本。でも、どうしても都合がつかない場合、若くて健康なうさぎであれば、1日くらいなら留守番をさせることも可能です。
その場合に注意しなければならないのが食事と室温。
特に夏の暑い時期は、脱水症状や熱中症が心配です。水はたっぷり用意し、
エアコンをつけたままにして温度、湿度をコントロールすることが必要になります。

apple
干し草をたっぷり入れます。給水ボトルにも水をたっぷりと。夏場に水分が足りなくなるのが不安なら、ボトルを2本設置しても。
暑すぎたり冷えすぎたりしないよう、エアコンで室温を調節するのが理想。エアコンからの風が直接あたらないように注意して。

# Q 友だちから1週間の海外旅行へ誘われました。うさぎがいるから無理でしょうか？

## A ペットホテルに預けるかペットシッターに頼みましょう。見つからないなら、信頼できる友人・知人に。

長期で留守にするならペットホテルに預けるのが安心。ペットショップでも預かってくれるところがあります。ただし、うさぎにとっては環境の変化が大きなストレスになることもあるので、うさぎを移動させず、ペットシッターや友人に家に来てもらってもよいでしょう。予算や日数などそれぞれの事情に合わせて、最適な方法を選びましょう。

### ペットホテルなどに預ける場合

ペットホテルやペットショップに預けるのは安心できる方法。ただし、ホテルによってはうさぎは預かってくれないところもあります。いざというときに慌てないよう、普段から預けられる場所を探しておきましょう。

#### よいペットホテルの特長

**うさぎに詳しいスタッフがいる**

うさぎの気持ちがわかったうえで世話してくれる人が必要。また、1匹ずつ別の部屋にしてくれるところを。

**臨機応変な対応をしてくれる**

いつも食べている食事の持ちこみや生活リズムなど、それぞれの事情に合わせたきめ細かな対応をしてくれるところなら安心。チェックアウト時に留守中のうさぎの様子を報告してくれるところがよいでしょう。

### ペットシッターに預ける場合

自宅の鍵を預けなければなりませんが、うさぎがいつもの場所から移動しなくてすむため、うさぎのストレスが少なくてすむというメリットがあります。うさぎの様子を記録してもらえることが多く、留守中の健康状態を把握することも可能。金額はお世話の内容によってケースバイケース。1日に何度来てもらうか、また、ケージから出して遊んでもらうかなど、事前に相談しておきましょう。

### 友人・知人にお願いする場合

自宅に来てもらう場合、うさぎもいつもの場所にいられるのでストレスが少なくてすみます。できれば普段から遊びに来てもらい、お互いに慣れておいてもらうとよいでしょう。預かってもらう場合は、うさぎに慣れている人、大事に世話してくれる人にお願いすること。ただし相手の迷惑にならないように、世話のポイントをしっかり伝えておきましょう。

# Q うさぎを外で遊ばせている人を見かけました。私もさせたいのですが、何か注意点はありますか？

## A 外で遊ばせる必要はありません。屋外には危険もたくさん。どうしてもという人は、細心の注意を払ってください。

うさぎは毎日室内で遊んでいれば、運動量は十分です。外にはほかの動物や小さな子ども、車の騒音など、うさぎの苦手なものがたくさん。草むらなどで、猫のノミやダニを拾ってきてしまうこともあります。どうしても外で遊ばせたいなら、犬や猫が近くにいない静かな公園などを選び、リードを付けてサークルで囲った中で遊ばせるようにします。また、家からの行き帰りにはキャリーケースを使用します。くれぐれもうさぎの安全に気をつけ、少しずつ外に慣らしましょう。

Check!
突然のカラスの攻撃に注意
クァー
Check!
車のエンジン音や自転車のスピードも苦手
クン！クン！
Check!
犬や猫からは遠ざけて


## \ CHECK! / ほかのうさぎと会うときは目を離さないで！

最近はうさぎの飼い主同士が仲よくなり、うさぎを連れて公園などに一緒に出かけるケースも増えています。うさぎの飼い主同士で会う場合には、うさぎ同士がケンカをしたり、オスとメスが出会って思わぬ妊娠をしたりしないためにも必ずリードをつけ、自分の連れているうさぎから目を離さないようにしましょう。リードはハーネスつきのタイプを選びます。

ベストハーネス

ベストハーネスを装着したところ

# Q 実家に連れて帰りたいのですが長距離の移動は無理？

## A うさぎの体調がよく、交通手段が確保できれば連れていくことができます。

うさぎにとって長距離の移動は強いストレスになります。
移動するときは、食事や水、温度などに十分注意しましょう。
うさぎによっては、移動中ずっと食事をとらなかったり、トイレを我慢したりすることもあるので、ときどき休憩時間をとってください。また、目的地に着いたら、まずはゆっくりと休ませてあげましょう。
長距離の移動をする予定があるときは、短い距離の移動から慣れさせておくとよいでしょう。

移動中もときどきうさぎの様子を確認

Check!

### 交通手段別・移動の注意点

**● 車での移動**

・キャリーケースの中は呼気と体温で外よりも温度、湿度とも高くなるので、うさぎの様子を見ながら冷暖房を調節。
・車内にうさぎを残して車から離れないように。特に夏場、エアコンを止めた車内は非常に暑くなり命にかかわることも。

**● 電車、バスでの移動**

・キャリーケースを手荷物として持ち込めるかどうかや料金は路線によって異なる。事前に各交通機関に確認すること。
・ラッシュなど混雑している時間帯は避ける。

**● 飛行機での移動**

・手荷物として持ち込めるか、貨物室に預けることになるのか事前に確認する。

### CHECK! 移動中の水分補給は野菜で

キャリーケースには食事として干し草と野菜を入れておきます。移動中は振動で水がこぼれてしまうので給水ボトルはつけず、キャベツやニンジンなどの野菜で水分補給を。途中で休憩するときは給水ボトルで水を与えてください。また、おしっこがキャリーケースの外に漏れないようにペットシーツを敷きます。うさぎがペットシーツをかじるようなら、その上からさらにすのこを敷いてあげましょう。

# 幸せウサ漫画 4

## うさぎと成長！編

1 うさぎは成長する
産まれて数週間の子うさぎ。
雑種のぴょん
600g
しかし…。
1年程の間に…
急成長！
最高時2.5kg!
ケージやトイレを
どんどん
大きく…
何度も買い替え…
2歳になる頃には…
貫禄たっぷり
なに？
顔つきも
変わっていき…

子うさぎのときに将来の大きさを予測するのは難しいこと。お店の人に相談してケージを決めましょう。

2 うさぎは目で訴える
いつもはごはんを残さないぴょん。
食べたよ！！
ある日、
あっ！
エサが残ってた
お腹を触って、マッサージをしてみた。
うにゃっ
でも、
おやつも食べない…。
プイ！
見ると、水を飲もうとしてやめ、悲しい目でこちらを見る…何度も…。
あっ！
ガーン…
ゴミが詰まってて、水が出てこない！
ごめーん
すぐに直してあげたら
食欲も戻りました！！
愛しい…。
うさぎ…。

給水ボトルのつまりはたまに見られるトラブルのひとつ。ときどきチェックしてあげましょう。

③ 抱っこはキライ
なでられるのは、スキ。
わーい♡
抱っこはキライ。
イヤー!!
抱っこしようとすると…
後ろ足で蹴って!
ヤメロー!!
しつこくすると…
逃げる……
抱っこさせてよ〜!
ねぇ〜♡
噛みつく。
カプ!
でも、本気では噛まずに、甘噛みなんです。やさしいぴょん♡
えへへ♡

抱かれて母乳を飲む動物でないうさぎは抱っこ嫌いで当然。でも、しつけられないことはありません。

④ 爪切りをマスター
抱っこ嫌いのぴょんの爪切りは、動物病院でしてました。
パチン!
パチン!
でも。。。
犬や猫もいる待合室は、とてもキンチョウするぴょん。
うさぎの為にも、抱っこをマスターしようと決意!!
大丈夫だよ
マスター
パチン!
優秀な飼い主に!!
レベルアップ
エッヘン♡

爪を家で切ることができるかはしつけのバロメーター。飼い主さん全員にマスターしてもらいたいものです。

うさCOLUMN 04

# うさぎの運動には「へやんぽ」がオススメ

肥満の予防や、高齢になったときの足腰の弱りを抑えるためにも、うさぎに運動は不可欠です。外で散歩させる人もいますが、うさぎはそもそも繊細な動物なので、慣れさせるのには時間がかかります。そこでオススメなのが「へやんぽ」。うさぎを飼っている人たちの中でいつの間にか定着した言葉で、うさぎを室内で散歩させることを指します。うさぎは体が小さいため、1日に1～2時間程度室内を散歩すれば十分な運動といえるでしょう。

室内ならうさぎが遠くへ行ってしまう心配もなく、飼い主がしっかり見守ることができます。仮に忙しくて見ていられない場合も、室内であればうさぎのために安全なスペースを確保することが可能です。ただし、人間が暮らす部屋には、うさぎにとっての危険がたくさん。かじると感電の危険がある電源コード、中毒症状を起こす可能性のある植物、飲み込むと胃や腸に詰まってしまうおそれのある布製のものはどけること。また、うさぎは足裏が弱いため、ダメージを与えないようマットなどを敷くことも重要です。

室内ならしっかり見守ることができる
安全な環境を整えれば目を離してもOK
うさぎにとって危険なものは片づけること

Part.
5

元気で長生きしてもらうために

# うさぎの食事と健康

かわいいうさぎに元気に育ってほしい――
これは飼い主共通の願いです。そのために、
毎日の食事や健康状態の管理を
しっかりしていきましょう。

STEP 1

# うさぎのごはん：主食編

## 干し草を主食に、ペレットで栄養補給

うさぎの食事には干し草とペレットがありますが、主食は干し草にすることをオススメします。繊維質の多い干し草は、歯を十分にこすりあわせて食べるので奥歯がよい形にすり減りますし、飲み込んだ毛が胃にたまる毛球症（P132参照）など胃腸のトラブルも予防します。

ペレットは干し草を主原料として多くの栄養素が十分にとれるように作られているため、栄養バランスは優れていますが、繊維質が十分ではありません。うさぎが必要とする繊維量は、1食の量の20～25％といわれています。ですから、主食に干し草、副食にペレットを与えるのがよいでしょう。大人のうさぎでは、体重の1.5％の重さのペレットを与えるのが目安です。

# 主食 干し草の選び方

## マメ科とイネ科を成長に応じて与えよう

さまざまな種類がありますが、入手しやすいのはマメ科とイネ科の2種類です。マメ科の干し草は、イネ科の干し草に比べて高タンパク質、高カルシウムなので、成長期のうさぎに適しています。しかし、成長してからは肥満予防のために、イネ科の干し草のみにするとよいでしょう。

### マメ科とイネ科の干し草の種類と特徴

| | マメ科 | イネ科 |
|---|---|---|
| |  |  |
| 種類 | アルファルファ、クローバー類など | チモシー、プレイリーグラス、スタングラス、ジョンソングラスなど |
| 特長 | うさぎの嗜好性が高い。イネ科に比べ高タンパク、高カルシウムなので成長期のうさぎに適している。 | 比較的低タンパク、低カルシウムなので大人のうさぎ向き。 |

### キューブタイプ、バータイプの干し草も

干し草をギュッとコンパクトにまとめたキューブタイプや、干し草を編んだバータイプもあります。留守番をさせるときに、うさぎがかじって遊ぶこともできます。

# 副食 ペレットの選び方

## 成分をチェックし、うさぎの健康によいものを

ペレットを選ぶときは、成分、形状、うさぎの好みを考慮して選びましょう。成分では繊維、タンパク質、カルシウムの3点が重要。形状にはソフトタイプとハードタイプがありますが、細いものや小粒なソフトタイプがよいでしょう。硬いもの、太いものは歯の老化を早めます。

### よいペレットの見極め方

- **繊維** 数値の高いものを与える。20%程度あるものが理想。
- **タンパク質** タンパク質は必要だが、とりすぎると肥満のもと。13%程度のものが適当。
- **カルシウム** うさぎはカルシウム欠乏になりにくい動物。とりすぎはかえって病気のもとに。
- **形状** 細くて小粒でやわらかいものが、うさぎの歯に負担をかけない。

### さまざまな種類からよりよいものを

市販されているペレットには多くの種類があります。成長過程に応じたものや、アルファルファを主原料としたもの、チモシーを主原料としたものなどさまざま。パッケージの成分表をよく見て選びましょう。

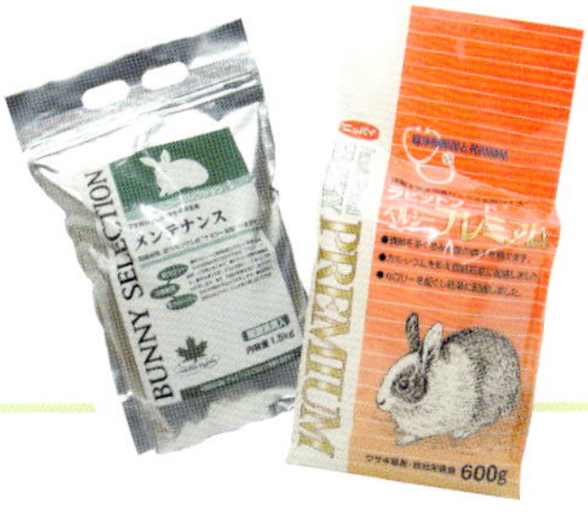

STEP 2

# うさぎのごはん：おやつ編

## おやつはご褒美としてあげる

　基本的に干し草とペレットを与えていれば、うさぎに必要な栄養は十分足りますが、おやつとして野菜、野草、果物などを少量与えてもよいでしょう。目安としては、通常の食事の1割以下の分量が適当です。食欲がないときでも野菜や野草なら喜んで食べることがあります。ただし、成長したうさぎは慣れない食べ物を敬遠するので、小さいうちから味を覚えさせておかないと食べないこともあります。

　また、おやつはしつけの一環として与えることをオススメします。抱っこ、ブラッシング、爪切りのあとや、ケージに戻すときのご褒美に使ったり、うさぎと仲良くなるために手から食べさせたりするのも効果的です。ただし、干し草を食べる量が減ってしまわないよう、与えすぎには十分注意してください。

## 野菜　中毒を起こすネギ類は×<br>食欲がないときはブロッコリーの茎を

　基本的に、中毒を起こすおそれのあるネギ類以外ならどんな野菜を与えてもOK。特にニンジン、ブロッコリー、パセリ、大根の葉、小松菜などを喜んで食べます。イモ類はでんぷん質で肥満の原因になるため、できれば与えないほうがよいでしょう。特にジャガイモの芽には中毒を起こす成分も含まれています。また、野菜を一度に多く与えると、干し草やペレットを食べず、下痢をしてしまうので注意してください。

**OK**　カブの葉／カリフラワー／キャベツ／小松菜／セロリ／大根の葉／青梗菜／ニンジン／パセリ／ブロッコリー／モロヘイヤ など

**NG**　長ネギ／タマネギ／ニラ／ニンニク／ジャガイモ／サツマイモ／ダイオウ（ルバーブ）など

### 体調に応じて与えたい野菜

干し草をあまり食べないときには、ブロッコリーの茎など少しでも繊維質が多いものを。尿道結石やカルシウム沈着症のうさぎには、カブ、大根の葉、小松菜などカルシウムが多い野菜を与えるのは避けたほうが無難です。

## 果物

### 果物は大好物 でも、与えすぎると肥満の原因に

うさぎは甘くておいしい果物が大好き。リンゴ、メロン、バナナ、ドライフルーツ（小動物用）などを喜んで食べます。果物には糖分も多く含まれているので与えすぎには注意しましょう。与えすぎると、肥満になるだけではなく、干し草やペレットを食べなくなり、慢性的な軟便になってしまうこともあります。果物はごく少量を与える程度にしておきましょう。

**OK**

イチゴ／パイナップル／バナナ／パパイヤ／ブドウ／メロン／リンゴ など
※特に歯ごたえのある果物を好む。

**NG**

アボカド など　※中毒を起こすので絶対に与えない。

#### 体調に応じて与えたい果物

胃腸がデリケートなうさぎには、胃腸の働きを活発にする酵素が含まれているパイナップルやパパイヤがおすすめ。また、食欲がなくなっているときは、果物の中では比較的繊維量の多いリンゴを与えるのもよいでしょう。

## 野草

### 有毒な野草もあるので、よく確認して与えよう

新鮮な野草はうさぎの大好物で、栄養補給にも役立ちます。しかし、中にはかえって体調を悪くしてしまう野草や、有毒な野草もあります。野草を摘むときは安全だとわかっているものだけを摘むようにしましょう。また、なるべく排気ガスや農薬、犬や猫のフンなどで汚れていないものを。うさぎに与えるときにはよく洗い、水気を切ってください。

**OK**

オオバコ／クローバー／シロツメクサ／タンポポ／ナズナ／ハコベ／レンゲ など

**NG**

アサガオ／キョウチクトウ／シクラメン／スイセン／スズラン／ニチニチソウ／パンジー／ヒガンバナ／ポインセチア／ワラビ　など

#### ハーブを与えるときの注意

人間に対してリラックスや食欲増進などさまざまな効果があるハーブ。うさぎに与えている人も多いですが、刺激が強い場合も。知識のない人が下手に与えるのは危険です。

### CHECK! 市販のおやつをあげてもいいの？

うさぎ用のおやつとして、ドライ野菜やクッキーなどさまざまなものが市販されていますが、うさぎの健康にとっては必ずしもよいものばかりではありません。ご褒美としてほんの少しを与える程度に。また、人間の食べ物をあげてはいけません。

ニンジンチップ

✕ 人間のおやつを与えるのは×

STEP 3

# 健康的な食事の与え方

## 干し草は新しいものを食べ放題に

ペレットは朝と夜の1日2回を基本とします。中にはペレットを食べてしまい、物欲しそうな目でおかわりをねだるうさぎもいますが、ペレットは補充しないで干し草を食べさせてください。小さいうちから干し草を食べ続けていないと、うさぎは好きなペレットしか食べなくなってしまいます。そうならないためにも、1日に与えるペレットの量は体重の1.5%以下にして、必ず干し草を食べさせるようにしましょう。干し草はいくら食べてもかまいません。常に食べられるようにまめに入れ替えて、新しいものを与えてください。口をつけて湿気った干し草も、天日干しすれば喜んで食べるでしょう。

また、新鮮な水を与えることも忘れずに。うさぎは水をたくさん飲みますが、その量は季節や食事によって変わります。うさぎが飲みたいときに十分飲めるよう、常に新鮮な水を与えておいてください。

食事の与え方は、うさぎの健康に大きく関わってきます。体重の変化に合わせてペレットの量を調節して、上手に体重をコントロールしましょう。

飼い主が朝食をとる時間に、うさぎに食事を与えるようにするなど、飼い主の生活パターンに合わせて、うさぎの食事のパターンを決めます。ペレットとペレットの間には干し草をたっぷり与えましょう。

### CHECK!

### 自分のウンチを食べる!?

うさぎの盲腸には繊維質を分解する細菌がいて、ここで通常のフンとは別の「盲腸フン」という栄養たっぷりのやわらかいフンを作っています。うさぎは肛門に口を付けて、この「盲腸フン」を食べます。タンパク質やビタミンBなどの栄養素を含んだ「盲腸フン」を一度体の外に出し、再度それを食べて必要な栄養を吸収するという大切なしくみなのです。これを食べないと死んでしまうこともあるので、フンを食べているところを見ても驚かないようにしてください。

# 年齢に応じた食事で長寿を目指す

　うさぎに限らず、動物は年齢や体質によって必要とする栄養の量が異なります。そのため、成長段階に応じて食事の内容を変える必要があります。

　新しくうさぎを迎えるときは、生後2か月くらいの子うさぎであることが多いでしょう。しかし、うさぎは成長が速く、成長期は生後6か月ごろまでです。それ以降も同じような食事の与え方をしていると、健康を損なうおそれがあるため、年齢に合った食事を与えましょう。太りすぎた場合、体重のコントロールはペレットの量で行います。理想体重は個体によって異なるので、健康診断のときなどに獣医師に相談するとよいでしょう。

## 生後4か月まで

ペレットは体重の3%を1日の目安の量とし、干し草はマメ科とイネ科を混ぜて食べたいだけ与えます。

## 生後4か月～5か月

ペレットの量が最終的に体重の1.5%になるように減らしていき、干し草も徐々にイネ科のものだけになるように調節します。

## 生後6か月～7歳

ペレット、イネ科の干し草をそれぞれ体重の1.5%の重さになるよう1:1の比率で与え、太り具合でペレットの量をコントロールします。

## 7歳以上

年をとってきたら、ペレットの量を少し減らします。減らす量はそれぞれの太り具合に応じて。ただし、歯の悪い高齢うさぎで干し草が食べにくくなった場合は、ペレットを増やさなくてはならないことも。

### CHECK! 食事を変えるときの注意点は？

　干し草やペレットの種類を頻繁に変えるのはよくないのですが、変える必要があるときは、時間をかけて変えていきます。うさぎはこれまで食べたことがないものをなかなか食べようとしません。今まで与えていたものに新しいものを少量ずつ混ぜ、1週間くらい時間をかけながら、徐々にその割合を増やしていきます。

# 幸せウサ漫画 5

## 2匹とも幸せに編

1 多頭飼いは難しい？
一匹で大事にされていたチップ。
ちや
ほや
チップ
もう一匹うさぎを飼うことに。
こんにちは！
ムック
なに・よー！
あんたなんてあっち行って!!
もう!!
女の子同士、仲良くして欲しいのに…
それからは…
ケージから出すのもチップが先…
ごはんもチップが先…
ほほほー!!
チップ
女王様
これで納得？
とりあえず納得する…。
うむ。


うさぎは群れの中での上下関係がはっきりしている動物です。2匹以上を同居させると必ず上下を決めようとします。

2 チップは女王様
チップ生後6ヶ月の頃、避妊手術を受ける。
animal
そして…
気が強かったチップがなぜか少し穏かに…。
ぽわ〜〜ん
それでもチップは女王様には変わりなく…
ムムッ
部屋中が全部縄張り！
ムックが自由にしていると、気にくわないチップ。
足ダン！を回して、自分が上だと念押し…
ダン！
上
ムックがケージに戻ると、チップはもう一度外に出る。
もうっ！


うさぎはメスでも縄張り意識が強いものです。ただし避妊手術をすると少しやわらぎます。

うさぎにもそれぞれの個性があるものです。チップが食べ物に鷹揚《おうよう》なのは、一頭飼い時代があったからかもしれません。

うさぎを過保護に育てる必要はありませんが、年齢が上がるほど暑さ寒さ対策は重要性を増します。

# 日常の健康チェック

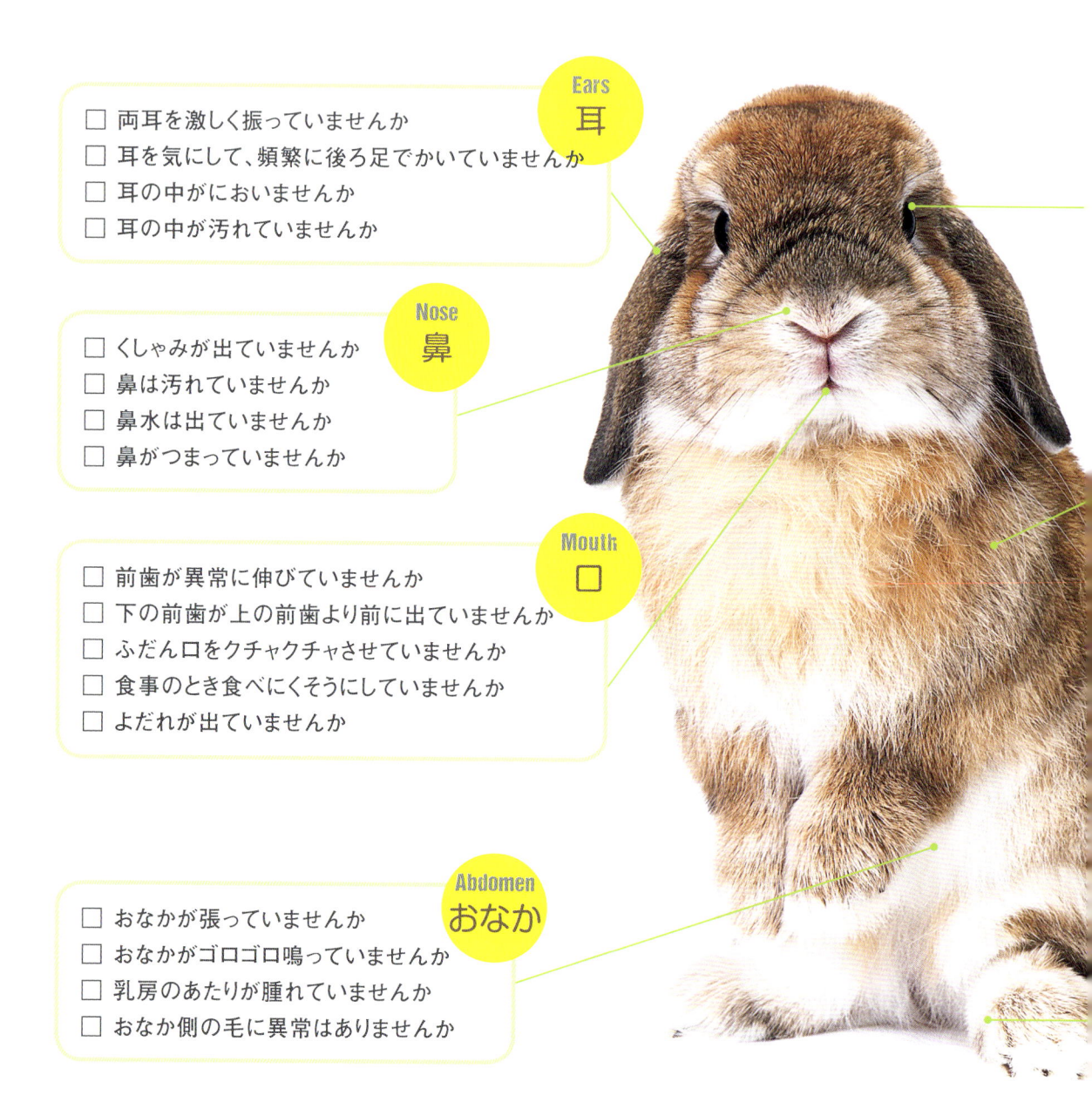

### Ears 耳

- □ 両耳を激しく振っていませんか
- □ 耳を気にして、頻繁に後ろ足でかいていませんか
- □ 耳の中がにおいませんか
- □ 耳の中が汚れていませんか

### Nose 鼻

- □ くしゃみが出ていませんか
- □ 鼻は汚れていませんか
- □ 鼻水は出ていませんか
- □ 鼻がつまっていませんか

### Mouth 口

- □ 前歯が異常に伸びていませんか
- □ 下の前歯が上の前歯より前に出ていませんか
- □ ふだん口をクチャクチャさせていませんか
- □ 食事のとき食べにくそうにしていませんか
- □ よだれが出ていませんか

### Abdomen おなか

- □ おなかが張っていませんか
- □ おなかがゴロゴロ鳴っていませんか
- □ 乳房のあたりが腫れていませんか
- □ おなか側の毛に異常はありませんか

# スキンシップで健康状態を把握

うさぎは調子が悪くてもそれを言葉で人に伝えることができません。飼い主が日ごろから健康をチェックしてあげることで早期発見できるものも多いはず。おなかや足の裏など、見逃しがちな部分も要注意。毎日観察していれば、小さな変化にも気がつきます。

### Eyes 目

- ☐ 目やには出ていませんか
- ☐ 目頭が涙で濡れていませんか
- ☐ 目をしょぼしょぼさせていませんか
- ☐ まぶたや結膜に異常はありませんか
- ☐ 目が白く濁っていませんか

### Skin 皮膚

- ☐ ツヤがなく、パサついていませんか
- ☐ 抜け毛が多くなっていませんか
- ☐ 脱毛して皮膚が露出しているところがありませんか
- ☐ フケが多量に出ていませんか
- ☐ かゆがっていませんか

### Hip お尻

- ☐ お尻の毛に軟便がついていませんか
- ☐ お尻が尿で汚れていませんか
- ☐ お尻から赤いかたまりが出ていませんか

### Legs 足

- ☐ 足の裏の毛がハゲて皮膚が露出していませんか
- ☐ 片足を浮かせていませんか
- ☐ 足がおかしな方向に向いていませんか
- ☐ 足が動かしにくそうではありませんか

## CHECK!
## 自分でできるうさぎのチェック

### 体重測定

うさぎ専用体重計

肥満や病気防止のために、週に1回は体重測定を。うさぎ専用の体重計もありますが、かごなどに入れ、人間用の体重計でも量れます。理想体重を定めて一定に保つことが大切です。食べていても体重が減るのは病気かもしれません。

### おしっこ

尿に血が混じっていないか、量や回数がいつもと違っていないかをチェック。通常のおしっこは白っぽく濁った色で、赤や黄色などさまざまに変わったり、ときにクリーム状のものが混じったりしていることがありますが、異常とは限りません。

### フン

軟便をしていないか、粒がいつもより小さくないか、粒がつながっていないかを見ます。健康なうさぎのフンは、うす茶色または茶色で丸く、乾いています。

# 病気とケガの予防

## 病気やケガの多くは予防できるもの

　うさぎの場合、病気やケガの8割が、食生活、衛生上の問題、生活環境の不備などで引き起こされるといわれています。裏を返せば、飼い主の注意次第で、うさぎの健康を守ってあげることが可能なのです。食事は適切か、生活環境は衛生的で安全か、温度、湿度はきちんと管理されているか、体の手入れをおとなしく受け入れるしつけはできているかなど、基本的な飼い方をもう一度見直してみましょう。また、避妊・去勢手術で防げる病気もあります。うさぎと楽しく長く付き合っていくためにも、正しい飼い方をぜひマスターしましょう。

幸せな共同生活を送るために、
うさぎの気持ちと健康を考えて

### CHECK! 肥満は万病のもと

　かつて、ペットうさぎには肥満が多く見られました。原因として考えられるのは、高カロリーの食事や運動不足。現在は肥満は減っているものの、成長期が過ぎたら、食事量を調整することは必要です。人間と同様、年齢が上がると太りやすくなるので、「中年太り」になることもあります。

　肥満になると、免疫力が落ちて肝臓を痛めたり、関節や心臓、肺などにも負担が増えて障害が起こりやすくなったりします。そのほかにも、糖尿病や腎臓病などいろいろな病気の要因となるので要注意です。

　肥満防止には、定期的に体重を測定し、食事のバランスを考え、ケージの外で遊ばせる機会を増やすなどの対応を。なお、ダイエットさせるときは、獣医師に相談し、健康状態をよく見ながら行ってください。

# 病気の予防・4つのポイント

## 1 正しい食事

繊維質を不足させないように、干し草をたっぷり食べさせましょう。カロリーのとりすぎや、カルシウムのとりすぎも病気の原因に。偏った食事や、おやつのあげすぎは厳禁。

## 2 適切な環境

住まいは常に清潔を保ってあげましょう。また、暑さ寒さや湿気も苦手なので、部屋の温度、湿度管理には十分注意して。うさぎにとって危険なもの、危険な場所がないように。

## 3 正しいしつけ

うさぎにもいろいろな性格があります。極端に臆病なうさぎや、寂しがり屋、スキンシップが苦手なうさぎなどさまざま。接し方はそれぞれの性格に合わせますが、体の手入れを受け入れるしつけは必要です。

## 4 定期的な健康診断

病気を早く発見するためにも、定期的に病院で健康診断をしてもらいましょう。獣医師に尋ねたいことは整理してから行くと○。

## CHECK! うさぎはこんな病気になりやすい!

**皮膚病**　皮膚が湿った状態が続くと、細菌に感染して皮膚炎に。また、ケージの底が金網になっていたり床が硬かったりすると、足の裏が圧迫されて炎症を起こすことがあります。そのほかに、真菌（カビ）やダニなども皮膚病の原因となります。皮膚病はなりやすい病気No.1です。

**胃腸の病気**　飲み込んだ毛が排泄されずに胃の中で固まる毛球症や、消化管うっ滞などがよく見られます。胃腸の病気は命にかかわるので要注意。

**歯の病気**　前歯（切歯）、奥歯（臼歯）の不正咬合は、大変多く見られる病気です。歯根の感染から膿がたまることも。涙目も歯の問題から起こることがあります。

**子宮の病気**　避妊していないメスのうさぎに、子宮の病気が多く見られます。

これらの多くは飼い方次第である程度予防できます。日ごろから注意してケアしましょう。

# 不調のサイン

| 部位 | 症状 | 予測される病気 | ページ |
| --- | --- | --- | --- |
| 口 | □ 食欲がおちる<br>□ 常に口をクチャクチャさせる<br>□ 前歯の形がおかしい<br>□ よだれが出る<br>□ ものを食べにくそうにしている | ● 切歯の不正咬合<br>● 臼歯の不正咬合 | →P130 |
| 目 | □ 目やにや涙が多く出る<br>□ まぶたが腫れて、<br>結膜が充血している<br>□ 目が白く濁っている | ● 鼻涙管狭窄<br>● 角膜炎<br>● 結膜炎など目の病気 | →P135 |
| 鼻 | □ 鼻汁やくしゃみが出る<br>□ 呼吸のたびに<br>イビキのような音や<br>「ズーズー」「グジュグジュ」<br>といった音がする | ● パスツレラ感染症による鼻炎<br>● その他の細菌感染症など、<br>呼吸器系の病気 | →P133 |

## CHECK! うさぎの内臓と骨格

### 内臓

心臓は体の大きさに比べて小さく、肺もとても小さいため、長距離を走る持久力はありません。腸管はとても長いのが特徴です。特に盲腸は大きく、おなかの中の大部分を占有しています。

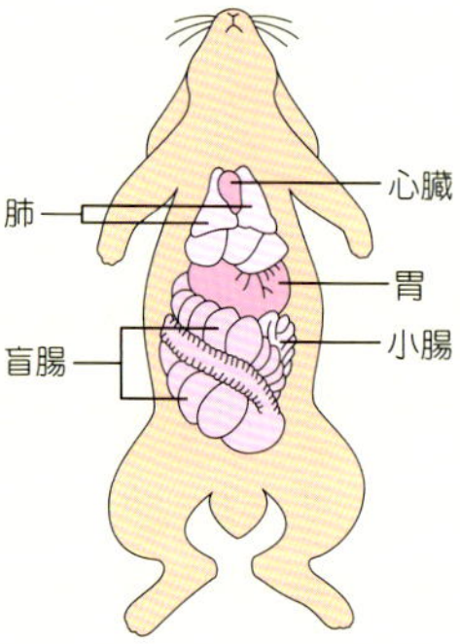


### 骨格

敵から素早く逃げる必要があるため、骨は細く軽くなっています。腰の骨は大きく、外側は厚い筋肉に覆われていて強い跳躍力をみせます。

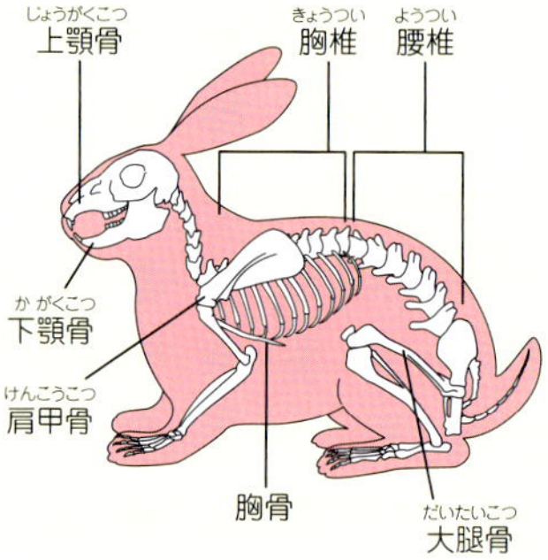

# 小さなサインも見逃さないで

うさぎは多少体調が悪くても、それを隠そうとする傾向があります。食欲が落ちたときは深刻な病気と考えられますが、食欲が落ちない病気もあり、「食べているから大丈夫」とはいえません。以下のような症状が見られたときは、早めに病院へ相談しましょう。

| 部位 | 症　状 | 予測される病気 | ページ |
|---|---|---|---|
| 耳 | □ 頻繁に後ろ足で耳の裏をかく<br>□ 耳をしきりに振る<br>□ 耳の中が耳あかやかさぶたのようなもので汚れている | ● 外耳炎<br>● 耳ダニ | →P131 |
| 足 | □ 足の裏が脱毛、発赤（赤くなる）し、ただれる<br>□ 片足を引きずったり、床につけずに歩く | ● 潰瘍性四肢皮膚炎<br>● 骨折、脱臼 | →P131<br>→P136 |
| 体 | □ 食欲がない<br>□ 元気がない<br>□ 軟便、下痢をしている<br>□ フンが小さい、少ない、出ない<br>□ 血尿や頻尿、無尿などが起きる<br>□ 体毛の一部にハゲができたり、皮膚の下にコブができている<br>□ 皮膚にフケ、かさぶたができたり、赤みやただれがある<br>□ 体のバランスが悪く、足元がフラフラしていたり、首を傾けたりしている<br>□ おなかが張っていたり、しこりのようなものがある<br>□ 呼吸が荒くなったり、ぐったりしている | ● 毛球症、消化管うっ滞、コクシジウム症、食中毒など、消化器の病気<br>● 尿石症、膀胱炎、腎不全など、泌尿器の病気<br>● 斜頸など、神経の病気<br>● 湿性皮膚炎、皮下膿瘍、皮膚糸状菌症、ダニなどによる皮膚炎など、皮膚の病気<br>● 子宮ガン、子宮水腫など、生殖器の病気<br>● 熱中症 | →P132<br>→P134<br>→P135<br>→P131<br>→P134<br>→P136 |

※各部位の症状から、いずれかの病気が予測されます

# かかりやすい病気

## 歯の病気

うさぎは、切歯（前歯）も臼歯（奥歯）も一生伸び続けます。通常は上下の歯がかみ合って摩擦しあうため適切な長さに保たれますが、ケージをかむ癖や不適切な食事、感染症などさまざまな原因から、正常なかみ合わせができなくなることがあります。これは不正咬合といい、とても多く見られる病気です。一度かみ合わなくなったうさぎの歯は、定期的に切らないと際限なく伸び続け、食事がとれなくなってしまいます。多くの場合、不正咬合は元どおりに戻すことはできません。

### 切歯の不正咬《こう》合《ごう》

［ 原因 ］外傷やケージをかむ癖、老化や感染症など。先天性の場合もある。

［ 症状 ］下の切歯が前上方に、上の切歯が口の中にまくれ込むように伸びて、唇や歯茎に食い込んで傷をつける。食事を食べこぼす。干し草や野菜をかみ切ることができない。

［予防と対処法 ］ケージをかむ癖がついてしまっている場合は、内側に板を張るなどの対策を。処置法は、伸びすぎた部分を病院で定期的に切ってもらうこと。

### 臼歯の不正咬《こう》合《ごう》

［ 原因 ］干し草などの臼歯の適切な摩耗に必要な食物の不足や硬すぎるペレットなど不適切な食事、歯根の感染症など。遺伝的要因が関わっていることも。

［ 症状 ］臼歯に鋭い尖りができて舌や頬を傷つけ、急に食事が食べられなくなる。口をクチャクチャさせたり、ひどくなるとよだれが出る。

［予防と対処法 ］十分な量の干し草をきちんと与え、ペレットやほかの食物を適正に制限する。異常が見られたら病院に連れていく。

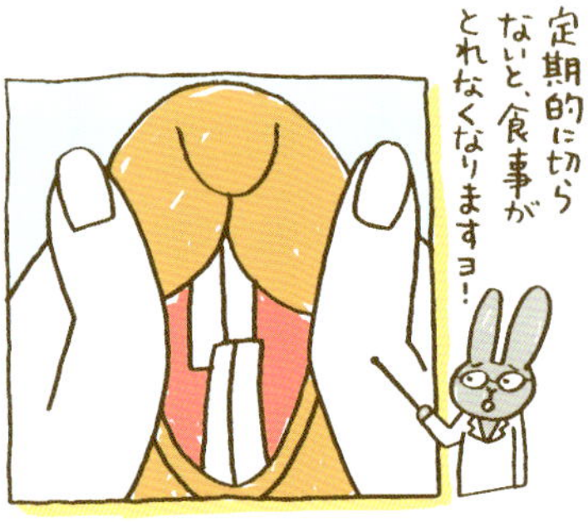
定期的に切らないと、食事がとれなくなりますヨ！

### 歯の破《は》折《せつ》

［ 原因 ］ケージや壁をかじる癖がある、ものにぶつかるなどの事故。

［ 症状 ］歯が折れる。

［予防と対処法 ］ケージをかじることを防ぐ。また、顔面を強打するような事故を起こさせない。折れた歯はまた伸びてくるが、正しくかみ合わなくなることも。

# 皮膚の病気

皮膚の病気はさまざまな原因によって起こります。たとえばうさぎは後ろ足の裏全体を地面につけるため、床の状態が悪いなどの要因で、足の裏の皮膚が炎症を起こすケースがよく見られます。また、細菌やダニによるかゆみの強い皮膚炎はうさぎに大きなストレスを与え、自分でかじったりひっかいたりして悪化させることも。カビが原因となる皮膚病（皮《ひ》膚《ふ》糸《し》状《じょう》菌《きん》症《しょう》）など、皮膚病の種類は少なくありません。

皮膚病は完治に時間がかかります。かかってしまったら根気よく治療しましょう。

## 湿《しっ》性《せい》皮《ひ》膚《ふ》炎《えん》

［ 原因 ］ 濡れた状態が続いている皮膚に細菌が感染して起こる。下痢や尿、目やに、涙、よだれなどほかの病気による症状が要因となることが多い。

［ 症状 ］ 陰部、顔面、あごの下などに多く発生。脱毛、赤みが見られる。患部からの分泌物でベトベトした状態になる。

［ 予防と対処法 ］ 環境を清潔に整える。患部の毛を刈って皮膚を乾燥させる。抗生物質の内服を行うことが多い。病的要因の場合は、まず、その病気を治療する。

## ダニ・ノミ類による皮膚炎

［ 原因 ］ 耳ダニ、ツメダニ（被毛ダニ）、ネコノミなどが寄生する。耳ダニは主に耳の中に、ツメダニは頭部から背中にかけて寄生する。

［ 症状 ］ かゆみ、発疹、フケ、脱毛。小さなかさぶたなどができる。神経質になり落ち着かなくなる。耳ダニの場合は、耳を振ったり、しきりにかいたりする。

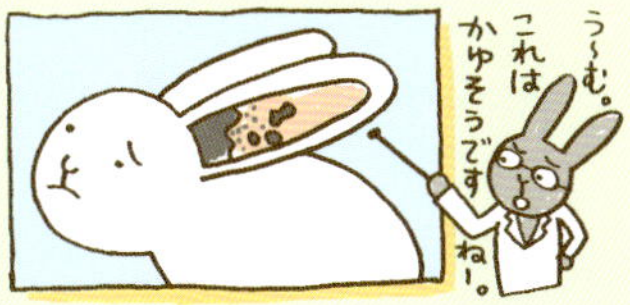


［予防と対処法 ］ ノミのついた猫などとの接触を避ける。母うさぎから子うさぎにダニがうつることも多いので要注意。駆除する場合は、必ず獣医師に相談を。

## 潰《かい》瘍《よう》性《せい》四《し》肢《し》皮《ひ》膚《ふ》炎《えん》
（別名：飛節びらん・ソアホック）

［ 原因 ］ ケージの底が金網などの硬い床材であること、部屋に放したときに硬い床の上を走り回ることなどが原因。また、肥満は足の裏への負担を増すので大きな誘因に。

［ 症状 ］ 脱毛や発赤、腫れがあり、進行するとかさぶた、潰瘍や膿瘍などができる。傷口から細菌が全身に回ることも。

［予防と対処法 ］ 床材にやわらかいものを使い、清潔に保つ。患部は包帯などで保護し、細菌に感染している場合は抗生物質を投与する。

## 皮《ひ》下《か》膿《のう》瘍《よう》

［ 原因 ］ 細菌が傷口から入り、皮下で繁殖して膿がたまる。

［ 症状 ］ 膿がたまった部位が腫れる。痛みを伴えば、食欲が落ちたり元気がなくなったりすることも。

［予防と対処法 ］ 外傷を予防するため飼育環境を改善する。患部を切開して膿を出す。抗生物質の内服など。

# 消化器の病気

消化器では、主として胃と盲腸に異常が生じます。うさぎは飲み込んだものを吐き出すことができないため、毛を飲み込んで起こる毛球症が致命的な状況になることがあります。

胃腸の病気の主要な症状としては、食欲低下や下痢があげられますが、特に注意しなくてはならないのは軟便です。下痢をした場合はかなり重症と見てよいでしょう。特に子うさぎが下痢をした場合は要注意です。早急に病院に連れていき、診察を受けてください。

## 毛《もう》球《きゅう》症《しょう》

［ 原因 ］毛づくろいをして飲み込んだ毛が排出されず、胃の中で固まり出口につまる。毛の手入れ不足、繊維質の少ない食事などが要因。長毛種のうさぎに多いが、短毛種でも少なくない。

［ 症状 ］急に食欲が落ち、元気がなくなる。フンの量が少なくなる、出なくなる。

［予防と対処法 ］干し草など繊維質の多い食事や適度な運動を普段から心がける。抜け毛を残さないよう全身の毛をていねいにブラッシングする。発病したら早めに病院へ。注射や内服薬などで治療することが多いが、切開手術で毛を取り出すことも。

## 消《しょう》化《か》管《かん》うっ滞《たい》

［ 原因 ］不適切な食事、大きなストレス、ほかの病気（歯の病気など）のため長時間食事をとらなかった場合など。

［ 症状 ］軽い場合は悪臭のある軟便がときどき出る程度だが、重症になると食欲が落ち、まったく食べなくなることも。お尻のまわりが軟便で汚れている場合もある。

［予防と対処法 ］干し草を十分食べさせ、でんぷん質や高タンパクのものを与えない。食欲が落ちたときはすぐに病院へ。特に子うさぎでは非常に危険。

## コクシジウム症

［ 原因 ］コクシジウムという寄生虫に感染して発病する。肝臓に寄生するものと腸に寄生するものがある。

［ 症状 ］下痢をする。子うさぎが感染すると、衰弱、発育不良などを起こし、死亡することも。

［予防と対処法 ］コクシジウムが寄生していても発病しないことも。健康なときに検便で早期に発見して駆虫をする。症状が出た場合は、早急に病院へ。

## 食中毒

［ 原因 ］食事に毒素を産生する微生物が混入したり、毒性のある植物をかじったりした場合など。

［ 症状 ］下痢をする。食欲不振、麻痺やけいれんなど神経症状が出ることも。重症の場合は死に至ることもある。

［予防と対処法 ］食事の食べ残しは傷まないようにすぐ捨てる。また、野草は安全性がはっきりしているもののみを与える。

## 呼吸器系の病気

うさぎの呼吸器の病的症状は、パスツレラ菌や気《き》管《かん》支《し》敗《はい》血《けっ》症《しょう》菌《きん》、黄色ブドウ球菌など、各種病原体の感染によって見られます。ときには複数の病原体が複合感染し、症状が複雑になる場合もあります。

ネバネバした鼻汁やくしゃみなど風邪に似た症状が特徴です。また、病原体によっては、それぞれに特徴的な症状も見られます。

また、胸腺腫といって、胸の中に腫瘍ができることがあります。呼吸が荒くなり、さらに呼吸困難になってしまうこともあります。

### スナッフル

**［ 原因 ］** パスツレラ菌の感染による慢性鼻炎。急激な温度変化、栄養不良や老化、妊娠などによる体力低下、ストレスなどが引き金となって症状が悪化する。

**［ 症状 ］** 鼻汁、くしゃみ、咳、呼吸をするときに「グジュグジュ」「ズーズー」といった音が出る。前足に鼻汁がついて固まり、ゴワゴワしている。

**［予防と対処法 ］** 適切な温度や湿度の管理、清潔な生活環境が予防法。多頭飼いしている場合は、感染したうさぎを隔離。重症のうさぎには抗生物質を投与すると症状が改善するが、完治は困難。

### 肺炎

**［ 原因 ］** 黄色ブドウ球菌、パスツレラ菌などに感染して発病。ガンや心臓病など、ほかの病気の悪化に伴って起きることも。

**［ 症状 ］** 食欲の低下、発熱、呼吸困難。急性肺炎では死亡することが多い。

**［予防と対処法 ］** 室内の換気や湿度、温度管理に注意する。異常に気がついたら早急に病院へ。抗生物質などで治療する。

### 胸《きょう》腺《せん》腫《しゅ》

**［ 原因 ］** 胸の中の胸腺の腫瘍化による。

**［ 症状 ］** 呼吸が荒い。動くのを嫌がる。両目が飛び出るなど。

**［予防と対処法 ］** 予防はできない。内服薬でコントロールできることも多い。

## CHECK! 人間に感染するうさぎの病気もある？

動物から人間にもうつる病気を人獣共通感染症といい、うさぎから人間に感染する病気もあります。皮膚糸状菌症（カビが皮膚に感染することによって起こる）、ツメダニなどの皮膚病が主なものです。しかし、うさぎに触ったり、ケージの掃除をしたりした後にきちんと手を洗っていれば、感染することはほとんどありません。まずはうさぎの治療をしましょう。

そのほか、パスツレラ菌、サルモネラ菌、トキソプラズマ（原虫）などの病原体によって感染する病気などもうさぎから人間にうつる可能性がありますが、清潔な環境で飼っている限り感染する確率はほとんどありません。

# 生殖器の病気

避妊手術をしていないメスのうさぎには、子宮の病気が多く見られます。子宮ガン、子宮筋腫などの腫瘍や、子宮に水がたまる子宮水腫などが代表的な病気です。これらに関しては、避妊手術をすれば予防することができます。また、メスが出産する際には難産、子宮破裂、子宮脱などのトラブルも。一方オスでは、睾丸の腫瘍や陰《いん》嚢《のう》水腫などが見られます。

## 子宮腫《しゅ》瘍《よう》（子宮ガン、子宮筋腫など）

**［原因］** 卵巣から出るホルモンのアンバランス。3歳以上に多く、高齢になっても発生率は下がらない。

**［症状］** 初期のころは無症状。進行してくると子宮から出血が起こり、尿に血が混じる。貧血が見られることもある。相当重症になるまで食欲は落ちることはない。

**［予防と対処法］** 避妊手術によって予防可能。初期症状は血尿であることが多いので、避妊していないメスは特に注意。

## 子宮水《すい》腫《しゅ》

**［原因］** ホルモン異常など。

**［症状］** 子宮に水がたまっておなかが膨れる。放置すれば消化機能が落ち、呼吸が苦しくなることも。重症になるまで食欲は低下しない。

**［予防と対処法］** 避妊手術によって予防可能。避妊手術をしない場合は早期発見が大切。健康診断で発見されることもある。卵巣子宮全摘出手術を行う。

# 泌尿器の病気

尿の色や量などに症状が表れます。カルシウム分の過剰摂取などにより結石ができる尿石症や、細菌感染による膀胱炎などがよく見られ、血尿や頻尿、排尿困難などの症状が出ます。また、尿石症の場合は、痛みから背中を丸めてうずくまったりすることがあります。尿のチェックや、食事面など普段から気をつけてあげましょう。また、高齢のうさぎには腎不全も多く見られます。

## 尿《にょう》石《せき》症《しょう》（尿路結石・結石）

**［原因］** カルシウム分のとりすぎ、水分不足、細菌感染、慢性化した膀胱炎などにより、尿路に結石ができる。

**［症状］** 重症の場合は痛みのために背中を丸めてうずくまったり、歯ぎしりをしたりする。血尿や頻尿、食欲不振など。結石が尿道などにつまると尿が出なくなり、膀胱破裂や腎不全で死亡するケースもある。

**［予防と対処法］** カルシウムの少ないイネ科の干し草を主食とし、ペレットもカルシウムを適切に制限したものを。結石が小さい場合は内科治療をするが、大きい結石は手術で摘出する。

## 膀《ぼう》胱《こう》炎《えん》

**［原因］** 細菌に感染して起こる。尿石症が合併することも。

**［症状］** 頻尿（1回の尿量は少ない）、血尿、尿が悪臭を放つ。

**［予防と対処法］** 長時間排尿を我慢させないこと。お尻が汚れていると菌が侵入しやすいので、軟便などを放置しないこと。抗生物質などを投与して治療する。

## 目の病気

特に注意が必要なのは角膜（目の表面）の傷。塵や砂などが目の中に入ったり、爪などでひっかいて傷つけたりするのが主な原因です。目をしょぼしょぼさせて涙目になり、角膜が白濁したり、目の表面に穴があいたりすることも。また、目やにや涙が多く出たり、まぶたの腫れ、結膜の充血が見られたりするときは結膜炎の可能性が。目を気にしてこすり、悪化させることが多いので早めに治療を。涙の排出路が狭くなる鼻《び》涙《るい》管《かん》狭《きょう》窄《さく》の場合も、涙が多く出ます。

### 角膜炎《かくまくえん》

**［ 原因 ］** 異物の侵入やドライアイ（目が乾く）、目をひっかくなどで角膜に傷がつき、炎症が起こる。

**［ 症状 ］** 目を細めて痛そうにする。角膜が白く濁る。炎症が進むと角膜の一部分に穴があいてしまうことも。

**［予防と対処法 ］** ほかのうさぎや動物によって傷つけられるようならば一緒にしない。異物の侵入に対しては環境を見直す。治療は点眼薬などで行う。

### 結膜炎《けつまくえん》

**［ 原因 ］** 主として細菌感染により発症。

**［ 症状 ］** 目やに、涙が多く出る。まぶたの腫れ、結膜の充血など。症状が進むと目のまわりの毛が抜けたり、皮膚炎ができることも。

**［予防と対処法 ］** ケージを常に清潔にする。目を洗浄し、抗生物質の点眼薬などにより治療。

## 神経の病気

首が片方に曲がって眼球震とうがともなう、いわゆる斜頸が最も多く見られます。次いで多いのは下半身麻痺で、背骨の骨折や加齢に伴って起こります。下半身が不自由になったうさぎには、排尿の手助けや麻痺した後ろ足のマッサージなど、手厚い看護が必要になります。うさぎが不安にならないように、生活上のいろいろな工夫をしてあげましょう。

### 斜頸《しゃけい》

**［ 原因 ］** 細菌感染による内耳炎のために、耳の奥にある平衡器官が侵されて起こる。また、エンセファリトゾーンという原虫によって起こることも。

**［ 症状 ］** 首が片側に傾き、目が揺れる、体が回転して姿勢をコントロールできない、食欲不振など。

**［予防と対処法 ］** 細菌による場合は抗生物質を投与する。治療に時間がかかるので根気よく。特に食事や水を飲むことができない場合は手厚い看護が必要。

## 骨の病気

うさぎの骨は、敵から逃げるのに好都合なように軽くできていますが、同時にとてももろくて骨折しやすく、治りにくいという特徴もあります。最も多いのは後ろ足の骨折です。骨折や脱臼といった骨のトラブルの原因は、飼い主がよく注意していれば防げる家庭内の事故であることが大半です。うさぎが安全に生活できる環境を整えましょう。症状としては、歩き方がおかしい、じっと動かないなどの様子が見られます。早めに病院で適切な処置を受けましょう。

### 骨折

[ 原因 ] 高所からの落下、ケージ内での跳躍、絨毯のループに足を取られるなどして驚いて暴れる、人間が誤って踏んでしまったなど家庭内の事故が主な原因。

[ 症状 ] 片足を引きずる、足を床につけない状態で歩く、じっとして動かない。脊椎骨折の場合は下半身が麻痺する。

[予防と対処法 ] 事故の危険のない環境を心がける。正しい抱き方をする。治療はギプスや手術で骨を固定する。脊椎骨折の場合は内科療法を行うが、麻痺は残ることが多い。

### 脱臼

[ 原因 ] 高所からの落下事故や、ケージ内で暴れたことなどで関節がはずれる。

[ 症状 ] 股関節やひじ、ひざの関節が正常に曲げ伸ばしできない。歩行に異常が見られる。

[予防と対処法 ] 予防は骨折と同様に。多くの場合、手術による治療が必要。放っておくと治せなくなるので早めに対処を。

## その他の病気

正しい飼い方をしていれば防げるものがほとんどです。日常の中で、ついうっかりということがないよう注意しましょう。

### 熱中症

[ 原因 ] 直射日光の下や密閉された蒸し暑い室内など、温度の高い場所に長時間放置すると、体熱が放散できず体温が上昇して起こる。

[ 症状 ] 呼吸が荒くなり、ぐったりする。重症になると鼻や口から血の混じった液体を出して死亡する危険も。

[予防と対処法 ] 室内の温度・湿度管理。夏場の高温には特に注意を。症状が見られたらすぐに涼しい場所に移し、冷たい濡れタオルで冷やすなどしてすぐに病院へ。

### 外傷・やけど

[ 原因 ] ケンカによる咬傷《こうしょう》(かまれた傷)、爪の伸びすぎによる事故、電気コードをかじったことによる感電、ヒーターやストーブの前に長時間居座ることによる低温やけどなど、家庭内の事故。

[ 症状 ] 小さな傷でも放っておくと細菌が感染し、膿瘍になることも。

[予防と対処法 ] 危険のない環境作り、定期的な爪切りなど。治療法は傷によって異なるので獣医師に相談を。

# 病院に連れていく

## 信頼できる主治医を見つけておこう

うさぎは病気になっても隠そうとするため、「おかしいな?」と思ったときは病気がかなり進行していることが多いものです。変化や異常に気がついたときは、早めに病院に連れていきましょう。

いざというときに慌てることがないよう、普段から主治医を見つけておくことが大切です。うさぎの場合は犬や猫と違い、どこの病院でも診療しているわけではありません。うさぎを飼っている人に聞くなどして情報収集し、うさぎを診察している病院を探しておきます。治療だけでなく、飼い方や健康管理などのアドバイスをしてくれる病院であればなおよいでしょう。

また、定期的に健康診断を受けさせていれば、普段のうさぎの様子を主治医が熟知してくれるうえ、うさぎも初めてではないので診療への不安が少なくてすみます。病院は通院しやすい距離にあることも重要です。

### 事前にチェック! 受診のポイント

**1 病院への確認**

うさぎを診療してくれるかどうかを電話で確認。予約が必要な場合は予約する。家からの距離も考え、通院しやすい病院を選ぶ。

**2 移動中の注意**

病院の行き帰りには最短ルートを使い、温度・湿度に注意。うさぎに負担をかけないことが重要。

**3 持っていくもの**

飼育日記などの観察記録をつけていれば持っていく。いつもと違うフンやおしっこをしたときは、それも持参。

**4 様子を正確に伝える**

食欲や排泄の状態、悪くなった時期やきっかけなどを頭の中で整理しておく。普段の食事内容、飼育環境、病歴、体重なども伝える必要があるので、それらについて説明できる人が連れていくこと。

適切な診断をしてもらうためには、症状や普段の食生活を整理して伝えることが必要。頻繁に病院を替えないことも大切

# うさぎの繁殖

## 家庭での繁殖はなるべく控えて

うさぎとの生活に慣れてくると、次は「この子の子どもが見てみたい」という気持ちになるのは無理もありません。しかし、妊娠・出産・子育てはうさぎにとって命がけのこと。しかもペットうさぎはお産に向いていないことが多く、死産や育児放棄が起きる可能性が大きいのが現実です。また、産後のうさぎはとても神経質になっているので、飼い主が思わず手伝おうとすると育児放棄の原因となり、子育てに失敗してしまうことも多々あります。

このように、家庭での出産には大きなリスクがつきまとうもの。うさぎと飼い主であるあなた自身の幸せのためにも、安易な気持ちで繁殖させるのはNG。うさぎの繁殖に関する性質をきちんと押さえ、責任ある行動を心がけましょう。

## 繁殖について知っておきたいうさぎの性質

### うさぎは年中繁殖可能

野生のうさぎは肉食動物に狙われる危険にさらされているので、多くの子孫を残そうとする本能が備わっています。そのためメスはほぼ常に発情。成熟したオスはメスに合わせて発情するので、ほとんど年中繁殖が可能です。

### うさぎは多産な動物

1回の出産でうまれる子うさぎは通常3〜10匹。それぞれのうさぎを別々のケージで飼わなくてはならないため、スペースや費用が必要です。自分で飼えない場合は、引き取り手を事前に探しておく必要があります。

### お見合いから交尾はあっという間

うさぎの交尾はたったの20〜30秒。相性を確かめる「お見合い」を含めても5分とかからないので、飼い主の気づかないうちにいつのまにか妊娠していたということも。オスとメスは常に近づけないように気をつけましょう。

# 避妊・去勢のメリットとデメリット

望まない妊娠を防ぐために、メスには避妊、オスには去勢手術を行う方法があります。「病気でもないのに手術なんて…」と思うかもしれませんが、避妊・去勢にはさまざまなメリットがあるのです。たとえば、メスは生殖器の病気を予防したり、オスはスプレーなどの問題行動を防いだりすることが可能です。

また、うさぎは常に子孫を残そうという意識を持ち続けている動物です。避妊・去勢をすることは、そうしたうさぎのストレスを軽減させることにもつながります。ただし、全身麻酔を伴う手術のリスクはゼロではありません。避妊・去勢すると太りやすくなるという事実もあります。これらの事情をよく考えて、状況に応じた判断をしましょう。

### メスの子宮疾患・乳がん予防に

卵巣と子宮を摘出。5歳を過ぎるとほとんどのうさぎがかかる子宮の病気や、乳がんなど生殖器の病気を予防できる。手術は抜糸が必要なことが多いので、1泊以上の入院をする場合も。

### オスの問題行動を抑えられる

精巣を摘出。睾丸の腫瘍など生殖器の病気を予防できるほか、スプレーやケンカなどの問題行動を抑えられるようになる。手術は日帰りで済むことが多いが、入院が必要になる病院もある。

## CHECK! 避妊・去勢は1歳までに

うさぎの避妊・去勢手術の適齢期は、おおむね生後6か月から1年の間。これよりも年をとると、生殖器のまわりに脂肪がつき、摘出が難しくなります。また、年をとってからだと、「手術をしようとしたら、既に生殖器の病気にかかってしまっていた」ということも。さらに全身麻酔は高齢になるほどリスクが高まります。これらをふまえ、避妊・去勢手術をするなら、なるべく6か月〜1歳の間に行いましょう。

# うさぎが妊娠したときは

これまで説明したように、うさぎはとても繁殖能力が高い動物。オスとメスを引き合わせたら、あっという間に妊娠してしまったということが起こりえます。また、生後3か月までのうさぎは雌雄の見分けが難しいため、しばしば性別を間違えたまま飼い続けている人もいます。

望まない妊娠は防ぐことが一番ですが、出産や子育てはうさぎにとって非常にデリケートな問題。トラブルを起こさないためには、万一のときの対応を知っておくことも大切です。

困ったときは慌てることなく、医師やペットショップに相談しましょう。

## 出産のための基礎知識

### 1か月のスピード出産

うさぎの妊娠期間は約1か月と、かなりの短期間です。しかも交尾後2週間は妊娠が確認できないため、発覚したころにはまもなく出産…ということもありえます。

### 巣作りをする

出産数日前から巣作りを始めます。うさぎが横になって授乳できる広さの巣箱と、巣材となるワラなどを準備しましょう。うさぎはそれらで巣をつくり、胸やおなかの毛を抜いてその上に敷き詰めます。

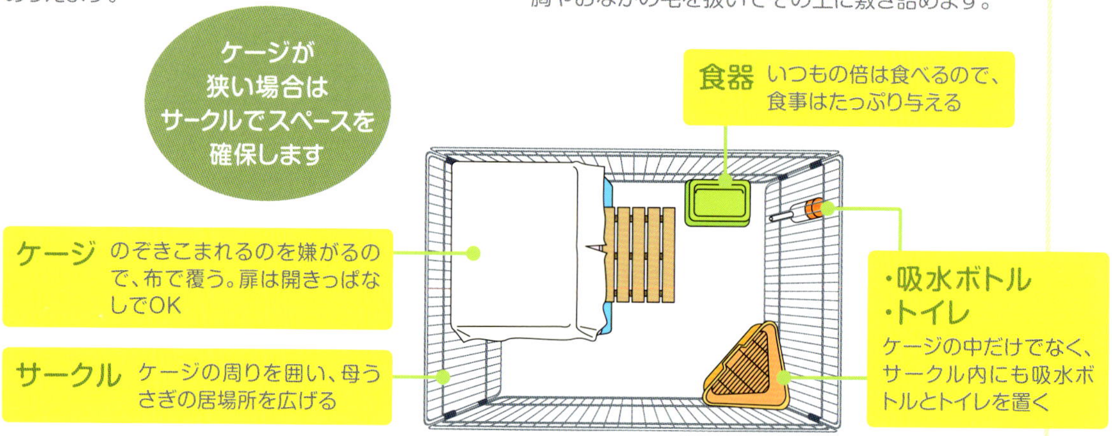

ケージが狭い場合はサークルでスペースを確保します
食器 いつもの倍は食べるので、食事はたっぷり与える
ケージ のぞきこまれるのを嫌がるので、布で覆う。扉は開きっぱなしでOK
サークル ケージの周りを囲い、母うさぎの居場所を広げる
・吸水ボトル
・トイレ
ケージの中だけでなく、サークル内にも吸水ボトルとトイレを置く


## CHECK! うさぎにもある「想像妊娠」

実際には妊娠していないのに乳腺が張ってきたり、出産用の巣作りをするうさぎがいます。これを偽妊娠（想像妊娠）といい、交尾がうまくいかなかったことや、メス同士でマウンティング（交尾のようなしぐさ）をしたことなどがきっかけで起きますが、1匹で飼っていても起こることがあります。偽妊娠は16日くらいすると元に戻ります。特別な処置は必要ありませんが、母乳がたまるため、乳腺炎などのもとになる場合もあります。

セッセ！

偽妊娠の状態でも巣作りを始める

# 妊娠・出産・子育ての流れ

## 1 交尾から2週間

### 普段どおりでOK

今までどおりの食事や掃除の世話をして様子を見る。遊ばせるのもいつもどおりで大丈夫。

## 2 3週目〜

### 食欲が旺盛に

体重が増える。干し草と食べ慣れているペレットをいつもの倍くらい与える。水もたっぷりと。掃除などの世話は手早く。

モリ
モリ

## 3 予定日4〜5日前

### 巣箱を用意

産室用の巣箱をケージに入れ、ワラなども与える。出産の2、3日前になると巣作りを始めるので、掃除の際は巣を壊さないように。

## 4 交尾から約30日

### 子うさぎ誕生!

巣作りから数時間〜2、3日で出産。出産は朝方がほとんど。うさぎが巣箱にこもり始めたら、あまり近寄らず静かに見守ろう。

## 5 出産〜1週間

### 干渉しない

そっとして近寄らないように。食事や水の交換だけ行い、その際もできるだけ静かに作業すること。掃除は控えて。

そっとしてね

## 6 生後2週目〜

### 慎重に掃除を

母うさぎが外に出ているときに、ケージやトイレを掃除する。そのときも、巣箱と子うさぎには触らないように。母うさぎが神経質になっているときはすぐに作業をやめる。

Clean

## 7 生後3週目〜

### 母乳以外の食事を

生後2週間半くらいから母乳以外の食事もとるようになる。食べやすくしたペレットや、干し草を巣箱近くに置いておく。離乳が完了する生後6週間が過ぎたら、母うさぎと同じ食事に。

## 8 生後8週目〜

### 別々のケージに

8週間経ったら、もう一人前。1匹1匹別々のケージに入れ、母うさぎと離して独立させる。

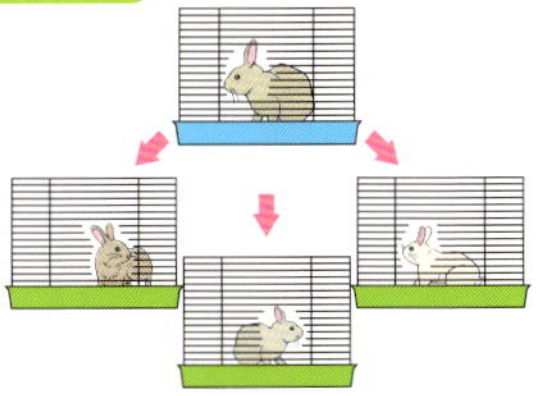

## CHECK! 飼い主の干渉は失敗のもと

母うさぎは1日の大半を子うさぎとは別の場所で過ごします。授乳は1日に1〜2回、それも1回5〜6分と短いのが特徴です。世話をしていないように見えますが、うさぎにとってはそれが普通です。母うさぎはストレスによって本当に育児放棄をしてしまうことや、子うさぎに人間のにおいがつくと子殺しをしてしまうこともあります。さわってしまった場合は、母うさぎのおしっこのにおいを子うさぎにつけて。うさぎの子育ての特徴を理解して、極力干渉しないようにしてください。

母うさぎと子うさぎの生活場所は別

# うさCOLUMN 05

うさぎが天に召されたら…

## 悲しいけれどお別れはやってくる

悲しいことですが、かわいいうさぎもいつかは寿命がきてしまいます。最期まできちんと世話をしてあげるのが、飼い主として、また仲良く暮らしてきた友達としての責任です。遺体を自宅で埋葬できない場合は、ペット霊園で火葬・埋葬をしてもらうことができます。また、市町村や区などの自治体で、ペット用の火葬炉を用意してあるところもあります。システムなどはそれぞれ違うので、問い合わせて確認しましょう。

亡くなった状況や一緒に暮らした年月などによってさまざまですが、かわいがっていたペットを失ったこと（ペットロス）で深い精神的ショックを受け、埋葬した後もショックから立ち直れない人もいます。でも、あなたが十分にかわいがっていたなら、天国のうさぎもきっと幸せだったはず。しばらくは思い出してつらい時期が続くかもしれませんが、悲しみから立ち直れるときは必ずやってきます。

# 索　引

● 監修者紹介

## 斉藤　久美子

［さいとう　くみこ］

獣医師、獣医学博士。東京農工大学獣医学科卒業後、埼玉県浦和市（現さいたま市）および岩槻市にて研修医、勤務医を務める。1981年、斉藤動物病院を開業。1999年には、うさぎ専門病院さいとうラビットクリニックを開業する。著書に「実践うさぎ学」（インターズー）、監修に「うさぎの育て方・しつけ方」（小学館）など。

さいとうラビットクリニック
東京都北区田端5-2-13　☎03-3822-0097

● 撮影 ―― 山出高士
● イラスト ―― 尾崎文彦　野田節美
● デザイン ―― 田中公子（TenTen Graphics）
● DTP ―― TenTen Graphics
● 撮影協力 ―― うさぎのしっぽ 横浜店
神奈川県横浜市磯子区西町9-2　☎045-762-1232
空とぶうさぎ
東京都練馬区南田中5-2-7　☎03-3997-3231
ペットの専門店コジマ 府中店
東京都府中市若松町2-29-2　☎042-358-3951
あめらび アンゴラ&ネザー館
http://amerabi.jp/
● 取材協力 ―― 町田修（うさぎのしっぽ）
● 執筆協力 ―― 有澤真庭
● 編集協力 ―― （株）ケイ・ライターズクラブ

※本書は、当社ロングセラー『かわいいうさぎ』（2004年1月発行）を再編集し、書名、価格を変更したものです。

## 新版《しんぱん》 写真《しゃしん》いっぱい！ かわいいうさぎ 品種《ひんしゅ》&飼《か》い方《かた》

● 監修者 ―― 斉藤　久美子［さいとう くみこ］
● 発行者 ―― 若松　和紀
● 発行所 ―― 株式会社西東社《せいとうしゃ》
〒113-0034 東京都文京区湯島2-3-13
営業部:TEL（03）5800-3120　FAX（03）5800-3128
編集部:TEL（03）5800-3121　FAX（03）5800-3125
URL:http://www.seitosha.co.jp/

ISBN978-4-7916-2222-1